"十三五"职业教育系列教材

Protel DXP 2004 SP2 印制电路板设计

主　编　牛百齐　成咏华　马妍霞

参　编　刘永琦　彭　程　梁海霞

　　　　曹秀海　孙　萌　许　斌

U0259592

机械工业出版社

CHINA MACHINE PRESS

本书为"十三五"职业教育系列教材,是根据职业院校电子专业教学计划及课程标准编写的。本书选用典型实例,对 Protel DXP 2004 SP2 的应用功能和操作步骤进行了系统、详细的介绍,重点讲解了电路原理图和 PCB 设计方法,内容由浅入深、通俗易懂,使读者能够轻松、快速地掌握该软件的基本使用方法,具备一定的 PCB 设计能力。

全书分为 8 章,分别是初识 Protel DXP 2004 SP2、电路原理图设计基础、原理图库元件制作、层次原理图设计、印制电路板(PCB)设计、印制电路板布线与覆铜、PCB 元器件封装设计和综合实训。

本书可作为职业院校应用电子、电气及相关专业的教材,也可作为电子产品设计、开发等岗位的培训教材,还可供电子爱好者及有关工程技术人员参考。

为了方便教学,本书配套有电子教案等教学资源,凡选择本书作为教材的教师可来电(010-88379195)索取,或登录 www.cmpedu.com 网站,注册后免费下载。

图书在版编目(CIP)数据

Protel DXP 2004 SP2 印制电路板设计/牛百齐,成咏华,马妍霞主编. —北京:机械工业出版社,2018.9(2024.8 重印)
"十三五"职业教育系列教材
ISBN 978-7-111-60802-8

Ⅰ.①P⋯ Ⅱ.①牛⋯ ②成⋯ ③马⋯ Ⅲ.①印刷电路-计算机辅助设计-应用软件-职业教育-教材 Ⅳ.①TN410.2

中国版本图书馆 CIP 数据核字(2018)第 204253 号

机械工业出版社(北京市百万庄大街 22 号 邮政编码 100037)
策划编辑:柳 瑛 责任编辑:柳 瑛 责任校对:王明欣
封面设计:张 静 责任印制:张 博
北京建宏印刷有限公司印刷
2024 年 8 月第 1 版第 7 次印刷
184mm×260mm・14 印张・340 千字
标准书号:ISBN 978-7-111-60802-8
定价:36.00 元

电话服务　　　　　　　　网络服务
客服电话:010-88361066　　机 工 官 网:www.cmpbook.com
　　　　　010-88379833　　机 工 官 博:weibo.com/cmp1952
　　　　　010-68326294　　金 书 网:www.golden-book.com
封底无防伪标均为盗版　机工教育服务网:www.cmpedu.com

前　言

Protel DXP 2004 SP2 是 Altium 公司推出的一款基于 Windows 环境下的电子设计自动化（EDA）开发软件，由于其方便、易学、功能强大，因此，在电子电路设计过程中深受广大用户的喜爱，成为电子工程师的首选软件。

本书是编者在丰富的电路设计和布线经验基础上，总结多年进行相关课程教学经验后编写的。书中通过典型的实例讲解，突出设计方法和操作步骤，使读者能够逐步了解 Protel DXP 2004 SP2 的功能，并快速掌握该软件的基本使用方法，具备一定的 PCB 设计能力。本书具体特色如下：

1）遵循认知规律。精选内容，由浅入深、由易到难逐步展开。

2）实例讲述。通过实例操作，将 Protel DXP 2004 SP2 的功能及使用有机结合起来，帮助读者快速掌握电路的设计方法和技能。

3）理实一体。将学与做的过程有机结合，操作训练贯穿整个教学过程，最后通过综合实训，提高读者应用 Protel DXP 2004 SP2 软件进行电路设计的能力，形成相应专业技能。

4）方便教学。采用 Protel DXP 2004 SP2 自带中文操作界面，提高学习效率。

全书分为 8 章，分别是初识 Protel DXP 2004 SP2、电路原理图设计基础、原理图库元件制作、层次原理图设计、印制电路板（PCB）设计、印制电路板布线与覆铜、PCB 元器件封装设计和综合实训，建议教学学时为 60~90 学时，也可结合具体专业实际，对教学内容和学时数进行适当调整。

本书由济宁职业技术学院牛百齐、马妍霞，唐山工业职业技术学院成咏华主编，由北京电子科技职业学院刘永琦，济宁职业技术学院的彭程、梁海霞、曹秀海、孙萌、许斌参编。具体分工如下：牛百齐编写了第 1 章，马妍霞编写了第 2、3 章及第 4 章的部分内容，成咏华编写了第 5、6、8 章，刘永琦编写了第 7 章，彭程、梁海霞、曹秀海、孙萌、许斌等参与了资料整理及第 4 章部分内容的编写工作。全书由牛百齐统稿。

本书在编写过程中，参考了大量的专家著作和资料，得到了许多专家和学者的支持，在此对他们表示衷心的感谢。

由于编者水平有限，书中疏漏之处在所难免，恳请专家、同行批评指正，同时也希望得到读者的意见和建议。

说明：为方便读者对照软件进行学习和操作，书中仿真电路中的图形符号与文字符号均沿用 Protel DXP 2004 SP2 软件中的惯用符号，未统一采用国家标准。

目　录

目

录

Ⅴ

第1章 初识Protel DXP 2004 SP2

随着电子技术的快速发展，新型元器件层出不穷，电子电路变得越来越复杂，电子产品的设计已经无法单纯靠手工来完成，电子线路的计算机辅助设计已经成为必然的趋势，各种电子设计自动化（以下简称 EDA）软件应运而生，目前比较流行的电子线路辅助设计软件主要有 Protel、OrCAD 和 PADS 等。

由于 Protel 系列软件方便、易学、功能强大，因此，在电子线路设计过程中深受广大用户的喜爱，在电子行业的 EDA 软件中，它当之无愧地排在前面，成为电子工程师的首选软件。

1.1 Protel DXP 2004 SP2 概述

1.1.1 Protel 的发展历史

从 20 世纪 80 年代中期开始，计算机开始进入各个领域，在这种背景下，1988 年，美国 ACCEL Technologies 公司推出了第一个应用于电子线路设计的软件包——TANGO，它就是 Protel 的前身，开创了电子设计自动化的先河。该软件包在 DOS 操作系统下运行，现在看来比较简陋，但在当时给电子线路设计带来了设计方法和方式的革命。从此人们纷纷开始用计算机来设计电子线路。

随着电子行业的飞速发展，TANGO 日益显示出其不适应时代发展需要的弱点，为适应科技的发展，澳大利亚 Protel Technology 公司（以下简称 Protel 公司）在 TANGO 软件包的基础上研发出了 Protel For DOS，并在 1991 年推出了基于 Windows 平台的 PCB 软件包 Protel For Windows 的 1. X 版本；随着 Windows 95 操作系统的出现，Protel 也紧跟潮流，1996 年推出了基于 Windows 95 的 3. X 版本。该版本的 Protel 是 16 位和 32 位的混合型软件。但是自动布线功能平平，软件不太稳定。

1998 年，Protel 公司推出了给人全新感觉的 Protel 98。Protel 98 成为第一个包含 5 个核心模块的真正 32 位的 EDA 工具。它将电路原理图设计、印制电路板设计、自动布线和电路图模拟仿真等集成为一体，以其出众的功能获得业界的好评。

1999 年，Protel 公司正式推出了 Protel 99，Protel 99 既有原理图功能验证的混合信号仿真，又有 PCB 信号完整性分析的板级仿真，构成了电路设计到真实电路板分析的完整体系。

2000 年，Protel 99 SE 性能进一步提高，对设计过程有了更强的控制力。

2001 年，Protel 公司成功整合了多家电路设计软件公司，并正式更名为 Altium 公司。

2002 年，Altium 公司推出了 DXP 平台上使用的产品 Protel DXP，它集成了更多工具，是业内第一个可以在单个应用程序中完成整个电路板设计处理的工具。

2004 年，Protel DXP 2004 带来了众多实质性的升级，它的 SP2、SP3、SP4 服务包是 Protel 推出的重要升级，服务包的集成元件库提供了全球最新、最全的电子元器件参数。Protel DXP 2004 从多方面对 Protel DXP 进行了改进和完善，性能更加稳定，功能更加全面，很快成为众多 EDA 用户的首选电路设计软件。

2004 年后，Altium 公司做了一些策略调整，将软件产品统一称为 "Altium Designer"，随后推出了 Altium Designer 6.0、Altium Designer Summer 08、Altium Designer Winter 09、Altium Designer Summer 09、Altium Designer Release 10 等。

尽管如此，Protel DXP 2004 凭借其强大的功能、方便快捷的操作、人性化的界面等特点，依然是目前最为流行的一款 EDA 软件。本书所介绍的是 Protel DXP 2004 SP2。

1.1.2　Protel DXP 2004 SP2 的功能

从系统整体来看，Protel DXP 2004 SP2 主要包括了电路原理图设计、原理图元器件设计、PCB 图设计、PCB 元件封装设计、电路仿真、信号完整性分析和现场可编程门阵列（FPGA）器件设计等功能。

1. 电路原理图设计

Protel DXP 2004 SP2 的主要功能之一就是绘制电路原理图，为此系统提供了丰富的原理图元件库和强大的绘图功能，利用这些功能，可以方便地绘制、编辑和管理电路原理图。

原理图绘制结束后，还可以对电路原理图进行电气规则检查，并输出材料清单和网络表。

2. 原理图元器件设计

在绘制原理图时，如果某些要使用的元器件符号无法在现有的元件库中找到，用户还可以借助 Protel DXP 2004 SP2 创建自己的原理图元件库，并在其中自定义元器件符号。

3. PCB 图设计

PCB 图设计是 Protel DXP 2004 SP2 的另一项主要功能，为此，系统提供了丰富的元件库和强大的电路图绘制与管理功能。例如，可以规划电路板的边界和工作层，对元件进行自动或手工布局，对电路板进行自动和手工布线等。

4. PCB 元器件封装设计

如果所选元器件对应的封装形式无法在现有的 PCB 封装库中找到，用户还可以借助 Protel DXP 2004 SP2 创建自己的 PCB 库（元器件封装库），并在其中自定义元器件封装。

5. 电路仿真

Protel DXP 2004 SP2 内含大量的模/数信号仿真器，使得设计者在设计电路时可以方便地分析电路的工作状况，从而缩短电路开发周期并降低开发成本。

6. 现场可编程门阵列（FPGA）器件设计

可编程逻辑器件是作为一种通用集成电路生产的，用户可以通过对器件编程来设置其逻辑功能。利用 Protel DXP 2004 SP2 可以很方便地使用 VHDL 语言（硬件描述语言）为 FPGA 编制源文件，然后对源文件进行编译以生成编程下载文件。如果需要的话，还可以对 FPGA 进行仿真。

1.1.3　Protel DXP 2004 SP2 工作特点

Protel DXP 2004 SP2 是一款优秀的 EDA 软件，它将设计从概念到完成所需的全部功能合并在一个产品中，功能十分强大。其主要特点简述如下：

1）Protel DXP 2004 SP2 的用户界面经过重新设计，使设计更加友好直观。其独特设计的浏览器允许 Protel DXP 2004 SP2 系统的各个模块可进行交互工作。它把整个设计看作一个项目工程，通过创建项目工程文件来管理设计文件。各种设计文件（原理图文件、仿真文件、PCB 文件和库文件等）可以放在任意目录中，同时创建一个用来管理其他设计文件的项目工程文件。

2）Protel DXP 2004 SP2 具有良好的兼容性。它可以兼容低版本的 Protel 产品，支持与其他设计工具如 AutoCAD、P-CAD、OrCAD、PADS、Mentor、Allegro 的格式文件进行相互转换。

3）Protel DXP 2004 SP2 支持数模混合电路仿真，它可以提供包括直流工作点分析、瞬态分析、傅里叶分析、交流小信号分析、噪声分析、零极点分析、传递函数分析和温度扫描分析等一系列详尽的仿真分析，同时支持仿真波形与数据的转换。

4）Protel DXP 2004 SP2 的 PCB 设计系统以"规则驱动"为核心，为用户提供了一个图形化的人机交互设计平台和一系列完备的设计规则。它能快速定义层堆栈和层结构、层的重命名，基于板层结构计算阻抗以及其网络可以连接到多个内电层。它完备的设计规则，可覆盖电气、布线、表面贴装技术（SMT）、扇出、阻焊、内部电源层、测试点、制造工艺、高速电路、元器件布局等整个设计范围。同以前的 Protel 版本相比，Protel DXP 2004 SP2 支持推挤布线方式，推开现有线路让出布线通道，并保持与设计规则相一致，从而可以有效地减轻设计人员工作量，加快项目进度。Protel DXP 的 PCB 设计系统既可使用集成元件库，又可使用独立的 PCB 库。

5）Protel DXP 2004 SP2 具有强大的信号完整性前/后端分析功能，既可以进行原理图的信号完整性分析，也可以进行 PCB 的信号完整性分析，并且为信号完整性仿真提供多种信号完整性（SI）参数结果。其信号完整性分析器可以提供有关 PCB 网络阻抗、过冲、下冲、延迟时间和信号斜率等真实性能的详细信息。

6）Protel DXP 2004 SP2 全面支持 FPGA 设计，用 Protel DXP 2004 SP2 的原理图编辑器就可以进行 FPGA 的设计输入，还能实现原理图和 VHDL 程序的混合输入。它完全支持 Xilinx、Altera 的元件库和各种宏单元的定义，提供全套 Altera、Xilinx FPGA 系列的前端综合宏单元和元件库。在完成 FPGA 设计输入之后，可直接从 FPGA 原理图中编译生成电子设计交换格式（EDIF）网表文件，导入到 FPGA 器件供应商提供的布局布线工具中，同时还支持 FPGA 引脚的反向标注和说明。

7）Protel DXP 2004 SP2 含有一个全面的集成元件库，把每个元器件的原理图符号和 PCB 封装、SPICE 模型、VHDL、EDIF 和信号完整性（SI）分析模型链接在一起。集成元件库保证了设计所需要的任何类型的元器件模型数据（仿真时需要 SPICE 模型，PCB 更新时需要封装模型等）。Protel DXP 2004 SP2 支持以前版本的 Protel 原理图和 PCB 库的格式，确保用户可以方便地将自定义的库导入到 Protel DXP 2004 SP2 环境中。

8）Protel DXP 2004 SP2 支持广泛的输出类型，包括 ODB++、Gerber 和 NC Drill 等。其网络表输出格式包括 EDIF、VHDL、SPICE 和 Multiwire，同时也提供扩展的报告特性和通用的元件清单（BOM）产生功能。

1.2　Protel DXP 2004 SP2 的设计环境

1.2.1　Protel DXP 2004 SP2 的运行环境和安装

1. Protel DXP 2004 SP2 的运行环境

Protel DXP 2004 SP2 软件的安装和运行都需要较大的空间，对计算机硬件要求比 Protel 99 SE 等其他电子 CAD 软件要高。

Protel DXP 2004 SP2 需要计算机系统的推荐配置为：Pentium 1.2GHz 或者更高级别的处理器、512MB 的内存、大于 620MB 的硬盘空间、Windows XP 操作系统及以上版本；图形推荐显示 1280×1024 像素的分辨率以上、32 位真彩色、32MB 的显存。

2. Protel DXP 2004 SP2 的安装

Protel DXP 2004 SP2 的安装与大多数 Windows 应用程序安装类似，基本步骤如下：

1）打开 Protel DXP 2004 SP2 的安装软件，运行 Setup.exe 文件，进入 Protel DXP 2004 SP2 安装向导窗口，如图 1-1 所示。

2）单击"Next"按钮，屏幕弹出 Protel DXP 2004 注册协议许可对话框，如图 1-2 所示。选中"I accept the license agreement（我接受协议）"。

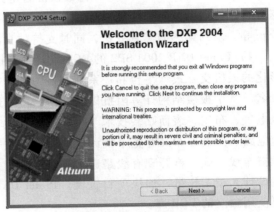

图 1-1　Protel DXP 2004 SP2 安装向导

3）单击"Next"按钮，弹出用户信息对话框，如图 1-3 所示。在"Full Name"栏中填入用户名，在"Organization"栏中输入公司名称。

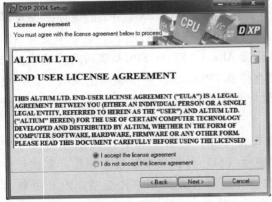

图 1-2　Protel DXP 2004 注册协议许可

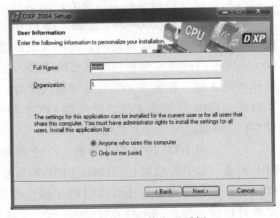

图 1-3　用户信息对话框

4）单击"Next"按钮，弹出"指定软件安装位置"对话框，如图 1-4 所示。单击"Browse"按钮，在随后弹出的对话框中设置软件的安装路径。

5）设置完毕，单击"Next"按钮，弹出"准备安装对话框"，单击"Next"按钮，向导会继续引导安装，安装完成后，弹出如图 1-5 所示对话框，单击"Finish"按钮结束安装，至此安装完成。

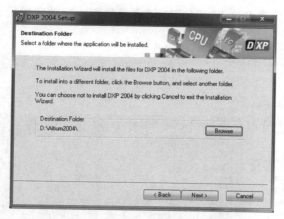

图 1-4 "指定软件安装位置"对话框

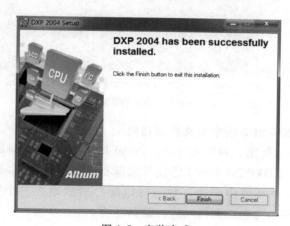

图 1-5 安装完成

6）安装 SP2 升级包，在弹出的安装许可协议对话框，单击"I accept the terms of the End-User License agreement and wish to CONTINUE"，选择安装路径窗口，选择已经安装的 Protel 2004 的路径后，单击"Next"按钮，根据系统提示操作即可完成 SP2 升级包的安装。

3. Protel DXP 2004 SP2 卸载

Protel DXP 2004 SP2 的卸载与其他在 Windows 系统上运行的程序的卸载方法相同，打开控制面板即可卸载 Protel DXP 2004 SP2。单击【开始】→【控制面板】→【添加/删除程序】，在下面的对话框中选择相应的操作直至卸载完成。系统卸载完成后，继续卸载其他相关程序，如 DXP 2004 SP2 补丁等。

1.2.2 Protel DXP 2004 SP2 的启动

Protel DXP 2004 SP2 安装完成后，就可以启动运行了。启动 Protel DXP 2004 SP2 的方法非常简单，只要运行启动 Protel DXP 2004 SP2 的执行程序就可以了。启动方法如下：

1）执行【开始】→【程序】→【Altium SP2】→【DXP 2004 SP2】，启动 Protel DXP 2004 SP2。

2）在【开始】菜单中，单击【开始】→【DXP2004】，启动 Protel DXP 2004 SP2。也可以直接双击桌面上的 Protel DXP 2004 SP2 快捷方式图标启动应用程序。

启动程序后，屏幕出现 Protel 2004 SP2 的启动界面，启动完成后，系统自动进入设计主窗口，如图 1-6 所示。

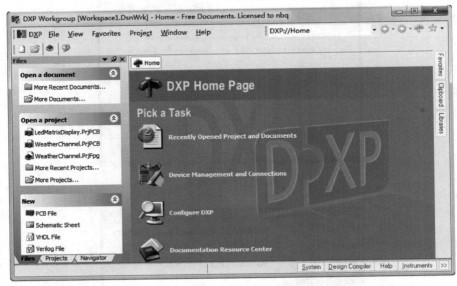

图 1-6   Protel DXP 2004 SP2 启动完成界面

1.2.3 Protel DXP 2004 SP2 的中英文界面切换

为了用户能够更好地使用各种开发工具，Protel DXP 2004 SP2 提供了一个非常友好的集成开发环境，所有 Protel DXP 2004 SP2 的设计功能都可以从这个环境中启动，用户所有的设计文档也都可以在这个环境中创建，并且可以随心所欲地在各个文档之间切换。Protel DXP 2004 SP2 会自动显示与当前文档对应的编辑环境。

中英文设计环境切换

初次启动 Protel DXP 2004 SP2 后，将进入英文环境的 DXP 设计主页，喜欢英文设计的用户可以由此开始自己的设计工作；对于习惯使用中文的用户来说，通过设置可以进入中文环境进行各种设计。

将英文语言环境转换为中文语言环境，可以进行如下操作。

1）单击启动后的 Protel DXP 2004 SP2 英文环境界面，如图 1-6 所示，单击菜单栏中的 ![DXP] 按钮，在下拉菜单中选择【Preferences】，如图 1-7 所示。

2）系统弹出 "Preferences" 项参数设置对话框，如图 1-8 所示。

3）在该对话框中，选择 "DXP System" 中的 "General" 标签页，并选中最下方的 "Localization" 区域中的 "Use localized resources" 复选框。此时系统将出现一个提示框，提示用户此项设置将在重新启动 Protel DXP 2004 后生效，如图 1-9 所示。

4）单击提示框中的 OK 按钮，返回 "Preferences" 参数

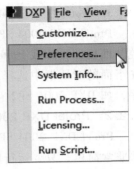

图 1-7   "Preferences"
优先设定命令

设置对话框。在"Use localized resources"区域内，有两个选项和一个复选项，对使用本地化资源（中文环境）方式进行选择设置，如图1-10所示。

5）单击 OK 按钮确认，返回主页，在主页中单击右上角按钮，关闭Protel DXP 2004系统。重新启动后的Protel DXP 2004 SP2如图1-11所示，可以看到Protel DXP 2004 SP2已经成为中文语言环境了。

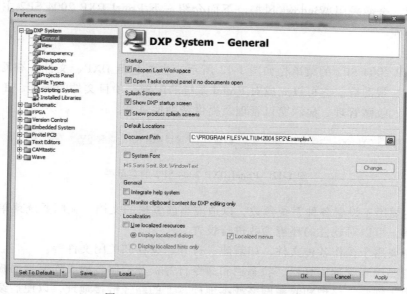

图1-8 "Preferences"参数设置对话框

图1-9 DXP提示框

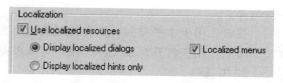

图1-10 使用本地化资源（中文环境）方式选择设置

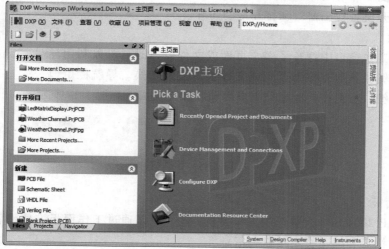

图1-11 Protel DXP 2004 SP2的中文语言环境界面

在中文环境中执行菜单命令【DXP】→【优先设定】，在弹出的对话框中的"使用经本地化的资源"复选框处于未选择状态，重新启动 Protel DXP 2004 SP2 系统后，将返回到英文语言环境中。两种环境可以随时进行切换，便于用户选择。

1.2.4 Protel DXP 2004 SP2 的工作环境

进入 Protel DXP 2004 SP2 的主窗口后，我们会发现 Protel DXP 2004 SP2 提供了非常友好的工作界面，全面采用 Windows 风格。下面介绍一下 Protel DXP 2004 SP2 主窗口中各部分的名称和功能。

1. 菜单栏

Protel DXP 2004 SP2 的菜单栏如图 1-12 所示，主要包括 DXP、文件、查看、收藏、项目管理、视窗、帮助等。它可以完成对 Protel 系统的配置、项目文件的管理、工具栏和状态栏的显示控制、收藏管理、显示窗口管理及提供帮助信息等。

图 1-12　Protel DXP 2004 SP2 的菜单栏

DXP：主要用于设置各种系统参数，以适应当前编辑的文档，又叫系统菜单，例如选择优先设定菜单，可以对软件的环境参数进行设置。

文件：主要用于操作各种文件，如新建、打开、保存和关闭文件等。

查看：主要用于管理工具栏、状态栏和命令行等，并控制各种工作窗口面板的打开等。

收藏：用于创建、整理和收藏网络或本地硬盘上的路径链接地址，以便后续操作。

项目管理：主要用于整个设计工程的编译、显示、添加、删除、项目输出、分析和版本控制等。

视窗：用于水平排列、垂直排列或关闭当前工作窗口中打开的所有设计文件。

帮助：用于打开帮助文件，用户可以根据需要查找帮助信息，打开相应的帮助文档。

2. 工具栏

工具栏如图 1-13 所示，包括 4 个基本按钮，从左到右依次为创建任意文件、打开已存在的文件、打开设备视图窗口和打开帮助向导。

3. 导航栏

当用户在工作窗口中打开了多个页面或文件窗口时，可以利用导航栏提供的按钮快速地在各个页面或文件窗口之间切换。导航栏由地

图 1-13　工具栏

址栏、前进按钮、后退按钮、回到主页面和收藏夹组成，如图 1-14 所示。

图 1-14　导航栏

4. 工作面板

Protel DXP 2004 SP2 大量使用工作面板，用户可以通过工作面板方便地管理项目文件、访问元件库、浏览和编辑特定对象和信息等。

工作面板可以分为两类：一类是在任何编辑环境中都有的面板，如文件库（Library）

面板和工程（Project）面板；另一类是特定的编辑环境中才会出现的面板，如 PCB 编辑环境中的导航器（Navigator）面板、电路板（PCB）面板。

直接单击工作区右下方的面板标签即可打开该面板。此外，也可通过执行【查看】→【工作区面板】命令打开工作区面板。如要关闭面板，单击面板右上角的"×"即可。如图 1-15 所示为元件库面板。

Protel DXP 2004 SP2 面板有三种显示方式：

1）自动隐藏方式。当工作面板处于自动隐藏方式时，要显示该面板，只需将鼠标光标移至相应的标签上方或者单击该标签，工作面板就会自动弹出，此时可以看到面板的右上角有一个"自动隐藏"图标 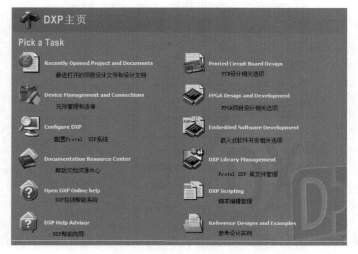；如果将光标移开工作面板一段时间或在工作区单击，工作面板又会自动隐藏。

2）锁定显示方式。单击工作面板右上角"自动隐藏"图标，工作面板将由自动隐藏方式转变为锁定显示方式，此时，自动隐藏图标将变为"锁定显示"图标。在锁定方式下，工作面板将始终显示。要恢复工作面板的自动隐藏方式，单击"锁定显示"图标即可。

3）浮动显示方式。当工作面板处于自动隐藏或锁定显示状态时，将光标移至标题栏区，按住鼠标左键将其拖动至工作窗口，工作面板就处于浮动显示状态；如果将其拉至窗口两侧边框或下方的面板标签处，直至该面板的虚线边框出现在标准锁定位置，工作面板就重新变为隐藏模式。

图 1-15　元件库面板

5. DXP 主页工作窗口

Protel DXP 2004 SP2 启动后，工作窗口中默认的是 DXP 主页视图页面，页面上显示了设计项目的图标及说明，如图 1-16 所示，用户可以根据需要选择设计项目。

图 1-16　DXP 主页工作窗口

1.2.5 Protel DXP 2004 SP2 文件管理

在 Protel DXP 2004 SP2 中，所有的设计文件都是以项目的形式进行组织和存放的，在项目设计中，一般将同一个项目的所有文件都保存在一个项目设计文件中。

PCB 项目文件用来组织与电路板设计有关的所有文件，包括原理图文件、网络表文件、PCB 文件、各种报表文件等。该项目下的任意一个文件都可以单独打开、编辑和复制。Protel DXP 2004 SP2 中常见的文件类型及其后缀名，见表 1-1。

表 1-1　Protel DXP 2004 SP2 中常见的文件类型及其后缀名

文件类型	后缀名	文件类型	后缀名
PCB 项目文件	. PrjPCB	集成库文件	. IntLib
原理图文件	. SchDoc	集成库项目文件	. LibPkg
PCB 图文件	. PcbDoc	仿真波形图文件	. sdf
网络表文件	. NET	纯文本文件	. Txt
报表文件	. REP	VHDL 源文件	. Vhd
原理图库文件	. SchLib	FPGA 项目文件	. PrjFpg
PCB 封装库文件	. PcbLib	辅助制造文件	. Cam

Protel DXP 2004 SP2 可以将各文件单独存放，但是，在设计工作中需要设计的往往是电路板。因此，在设计某一电路板项目时，需要建立一个项目文件，然后在此项目文件中建立与此项目相关的原理图文件和电路板图文件等，并且存放在该项目文件所在的文件夹中，从而方便维护管理。否则，会有很多操作无法进行。

Protel DXP 2004 SP2 系统的文件管理均可由"文件"菜单来完成，其中包括"创建""打开""关闭""保存项目"等，如图 1-17 所示。

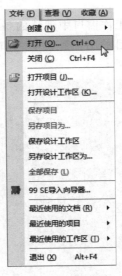

图 1-17　文件菜单

由于文件可以单独保存，所以，若没有将某些设计文件放置在项目文件中也可以自由添加或删除这些设计文件，具体方法将在后面的内容中介绍。

1.3 实训 PCB 项目文件、自由文件的创建及转换

1. 实训要求

1) 创建一个 PCB 项目文件，命名为"放大电路 PCB"，并对项目文件进行保存、关闭与打开等操作。

2) 创建一个自由文件，并将其追加到项目文件中，然后再将其转换为自由文件。

2. 分析

Protel DXP 2004 SP2 的 PCB 设计通常是先建立 PCB 工程项目文件，然后在该项目文件下建立原理图、PCB 等其他文件，建立的项目文件将显示在"Projects"选项卡中。

3. 操作步骤

（1）新建 PCB 项目

1) 执行菜单【文件】→【创建】→【项目】→【PCB 项目】，Protel DXP 2004 SP2 系统会自动创建一个默认的名为"PCB_ Project1. PrjPCB"的空白工程项目文件，如图 1-18 所示，此时的文件显示在"Projects"选项卡中，在新建的项目文件"PCB_ Project1. PrjPCB"下显示的是空文件夹"No Documents Added"。

2) 保存项目。建立 PCB 项目文件后，一般要将项目文件另存为自己需要的文件名，并保存到指定的文件夹中。

执行菜单【文件】→【另存项目为】，屏幕弹出另存项目对话框，在"保存在"下拉列表中选择保存路径，在"文件名"处输入"放大电路 PCB_ Project"，单击"保存"按钮完成项目保存，如图 1-19 所示。保存后的文件将重新显示在工作区面板，如图 1-20 所示为更名后的项目文件。

图 1-18 新建 PCB 项目

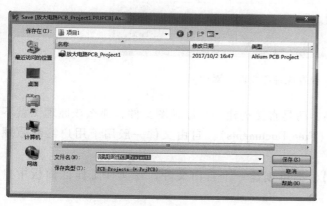

图 1-19 另存项目文件

图 1-20 更名后的项目文件

（2）新建原理图文件

1) 执行菜单【文件】→【创建】→【原理图】添加原理图文件；也可以用鼠标右键单击

项目文件名，在弹出的菜单中选择【追加新文件到项目中】→【Schematic】新建原理图文件，如图 1-21 所示。新建原理图文件后的面板如图 1-22 所示。

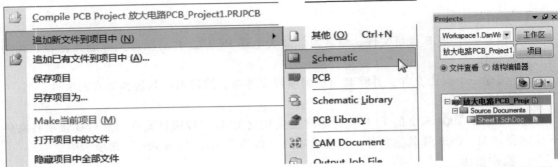

图 1-21　新建原理图文件

图 1-22　新建原理图
文件后的面板

2）执行"保存"命令，弹出"保存原理图文件"对话框，在"文件名"处输入"原理图"，如图 1-23 所示，完成后的面板如图 1-24 所示。

（3）创建自由文件

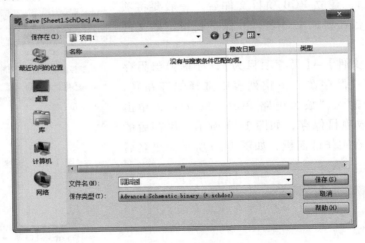

图 1-23　"保存原理图文件"对话框

如果用户没有新建或打开项目文件，而是直接创建一个原理图文件，那么该原理图就不属于任何项目，我们称之为自由文件（Free Documents）。自由文件一般用于用户绘制原理图草图或不生成制版图时。

执行【文件】→【创建】→【原理图】，即可创建一个自由文件，在文件工作区面板中自由文件显示如图 1-25 所示。

（4）项目中的文件转换为自由文件

1）将项目中的文件转换为自由文件。以新建的"原理图 . SCHDOC"为例，具体操作如下：

使用鼠标选中原理图文件并单击鼠标右键，在弹出的快捷菜单中选择"从项目中删除"

图 1-24 保存原理图后的 Projects 面板　　　　　图 1-25　自由文件面板显示

命令，在确认对话框中执行"Yes"命令，该文件即显示为自由文件。

2）追加自由的文件到项目中。鼠标右键单击项目文件名，在弹出的菜单中选择"追加已有文件到项目中"，屏幕弹出一个对话框，选择要追加的文件后单击"打开"按钮实现文件添加。也可以直接用鼠标选中该自由文件并拖入项目中即可，如图 1-27 所示。

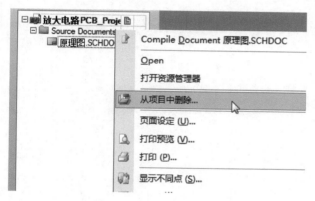

图 1-26　"从项目中删除"命令

图 1-27　自由文件拖入项目中

（5）打开项目文件

执行菜单【文件】→【打开】，屏幕弹出"打开文件"对话框，选择所需路径和文件后，单击"打开"按钮即可。

（6）关闭项目

鼠标右键单击项目文件名，在弹出的菜单中选择"Close Project"，关闭项目文件，若文件未保存，屏幕将提示是否保存文件。若选择"关闭项目中的文件"，则将该项目中的子文件关闭，而项目文件仍保留。

1.4　思考与练习

1. 简述 Protel DXP 2004 SP2 工作界面各模块的主要功能。

2. 简述 Protel DXP 2004 SP2 主窗口中的各部分名称和功能。

3. 写出 Protel DXP 2004 SP2 中几种常见的文件类型及其后缀名。

4. 简述如何进行 Protel DXP 2004 SP2 的中英文界面切换。

5. 启动 Protel DXP 2004 SP2，新建名为 MyProject 的项目文件，并在此文件下创建名为 FirstSch 原理图文件。

第2章　电路原理图设计基础

2.1　原理图的设计流程

电路原理图设计是整个电路设计的基础。设计电路原理图就是要将电路工作原理及各元器件的作用和连接关系等用电路语言表达出来。绘制电路原理图，首先要熟悉其设计过程。

在 Protel DXP 2004 SP2 中，电路原理图的设计流程如图 2-1 所示，通常有以下步骤。

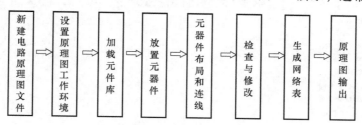

图 2-1　原理图设计流程

1）新建电路原理图文件。启动 Protel DXP 2004 SP2 软件，新建一个 PCB 项目文件，再新建原理图文件，进入原理图编辑器。

2）设置原理图工作环境。在绘制原理图之前，应首先设置好工作环境，对图纸大小、方向、网格参数等进行设置。

3）加载元件库。Protel DXP 2004 SP2 安装目录的"Library"文件夹下，包含了众多厂商的元件库，设计中不是每个元件库都要使用，而是根据需要加载元件库到当前工程项目中，以便查找和选取库中的元器件。

4）放置元器件。一般情况下，元器件的原理图文件都能在元件库中找到，只需要从元件库中取出，添加到原理图图纸上。对于有些非常规的或者不常用的元器件，需要自行绘制元器件，即设计元件库。

5）元器件布局和连线。将添加并排列好的元器件引脚用导线、网络标签连接起来。放置说明文字、网络标签等进行电路标注说明。

6）检查与修改。利用 Protel DXP 2004 SP2 提供的各种校验工具，依据校验规则对原理图进行检查，并根据检查结果对原理图进行调整和修改。

7）生成网络表。Protel DXP 2004 SP2 具有丰富的报表功能，当完成编译检查之后，可以生成网络表、元件清单和元件交叉引用等，其中最重要的是生成网络表。

8）原理图输出。该步骤包括两个方面，一方面是输出各种报表，包括网络表、检查报告、元件清单等；另一方面，对原理图执行保存、打印等，以便存档、查阅和输出。

2.2 原理图设计环境

Protel DXP 2004 SP2为用户提供了十分友好易用的设计环境。在该系统中，倡导的是一种全新的设计理念，采用以项目为中心的设计环境。在一个项目中，文件与文件之间相互关联，当项目被编辑后，项目中的电路原理图文件或PCB文件的任何改变都会被同步更新。

2.2.1 原理图编辑器

启动 Protel DXP 2004 SP2 并完成新建 PCB 项目和电路原理图文件后（或打开一个原理图文件），系统会自动进入原理图的设计环境。如图 2-2 所示，原理图编辑器工作界面里包括标题栏、菜单栏、工具栏、工作区、项目管理器面板、面板标签等几部分。

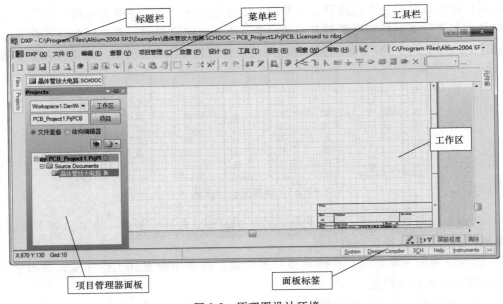

图 2-2　原理图设计环境

1. 标题栏

标题栏位于窗口的最顶部，主要显示应用程序的名字、程序的图标、当前文件的存储路径信息、最大化按钮、最小化按钮及关闭按钮。

2. 菜单栏

在 Protel DXP 2004 SP2 设计系统中，对不同类型的文件进行操作时，菜单栏内容会发生相应的改变。在原理图编辑环境中，菜单栏如图 2-3 所示。在设计过程中对原理图的各种编辑操作都可以通过菜单中相应的命令来完成。

图 2-3　菜单栏

文件：主要用于文件操作，包括新建、打开、保存等功能。
编辑：用于完成各种编辑操作，包括选取、置换、复制、粘贴、剪切等功能。

查看：用于视图操作，包括工作窗口的放大和缩小显示、打开关闭工具栏、显示格点等功能。

项目管理：用于各种与项目有关的操作，包括新建项目、项目操作，以及项目比较、在项目中导入文件等操作。

放置：用于放置原理图中的各种组成部分。

设计：用于对元件库进行操作，生成网络表等操作。

工具：为设计者提供各种工具，包括元件快速定位等。

报告：产生原理图中的各种报表。

视窗：改变窗口显示方式，切换窗口。

帮助：帮助菜单。

3. 工具栏

执行【查看】→【工具栏】命令，则显示工具栏的子菜单，从中可以选择相应的工具栏。

（1）"原理图标准"工具栏

"原理图标准"工具栏为原理图文件提供基本的操作功能，如创建、保存、缩放等。如图 2-4 所示。执行菜单中【查看】→【工具栏】→【原理图标准】命令或在工具栏或菜单栏的空白处单击鼠标右键，可以使该工具栏显示或隐藏。其他工具栏操作方法与此相同。

图 2-4 "原理图标准"工具栏

（2）"实用工具"工具栏

"实用工具"工具栏提供了直线、多边形、椭圆、矩形等多种形状绘制功能。如图 2-5 所示。该工具栏包含绘图工具、元件排列等多个子菜单项。

（3）"配线"工具栏

"配线"工具栏如图 2-6 所示。该栏中列出了建立原理图所需要的导线、总线、连接端口等工具。

图 2-5 "实用工具"工具栏 　　　　　　　图 2-6 "配线"工具栏

Protel DXP 2004 SP2 将常用的文件和查看操作命令以按钮的形式显示在标准工具栏中，其功能说明见表 2-1。将光标移至按钮上方，系统将会显示其功能，以方便用户的操作使用。

4. 工作区

工作区是原理图的设计和显示区域，用户可以在此区域绘制一个新的原理图，也可以在此区域编辑和修改现有的原理图。

在原理图绘制过程中，有时需要了解电路整体轮廓，有时需要查看电路图的某一部分细节，需要经常改变显示状态，使工作窗口（即绘图区）放大或缩小。所有缩放窗口的命令都集中于"查看"菜单中，如图 2-7 所示。使用菜单命令缩放图纸还可以利用快捷键，即输入单项后标注的字母即可，如"显示整个文档"可以用"V→D"。

第 2 章　电路原理图设计基础

表 2-1 工具栏中各种按钮的功能说明

按钮	功能	按钮	功能	按钮	功能	按钮	功能
	创建文件		显示整个工作面		橡皮图章		重做
	打开已有文件		缩放选择的区域		选取框选区的对象		主图、子图切换
	保存当前文件		缩放选定对象		移动被选对象		设置测试点
	直接打印文件		剪切		取消选取状态		浏览元件库
	打印预览		复制		消除当前过滤器		帮助
	打开器件视图页面		粘贴		取消		

以下为其他几种工作窗口的缩放方式。

（1）使用工具栏命令

在"原理图标准"工具栏中，使用图标 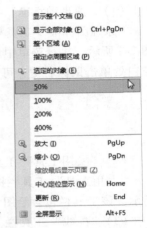 可缩放图纸。光标在图标上停留 1~2s，会自动显示该图标命令，单击即可执行该命令。

（2）使用键盘操作

按 Page Up 键放大；按 Page Down 键缩小；按 Home 键居中；按 End 键更新；按↑、↓、←、→键可上下左右移动。

（3）使用"图纸"原理图小窗口

在原理图设计环境中，单击右下方面板标签中的"SCH"项，单击"图纸"（在"图纸"项前打√），打开"图纸"原理图小窗口，拖动该窗口下面的滑块即可对原理图进行缩放，缩放比例在小窗口的左下角显示。

图 2-7 缩放命令窗口

2.2.2 设置图纸参数

对于一个新建原理图文件，一般要先设置图纸，如纸张大小、标题框、设计文件信息等。确定图纸的有关参数，使其符合原理图的要求和个人的习惯。参数一旦设置后，Protel DXP 2004 SP2 系统将保留最后的设置结果，方便读者操作。

创建一个原理图文件后，执行【设计】→【文档选项】命令或者右键单击工作区，选择【设计】→【选项】→【文档选项】命令，进入如图 2-8 所示原理图图纸设置对话框。

1. 图纸尺寸

Protel DXP 2004 SP2 采用标准图纸和自定义图纸两种方法来设置图纸的尺寸。

1）标准风格。在"图纸选项"选项卡的"标准风格"区域，单击右边的下拉按钮，弹出如图 2-9 所示所有图纸的标准类型。选择需要的标准图纸号，然后单击"确认"按钮，即可完成图纸尺寸的设定。

标准图纸默认为 A4。其中 A0~A4 为公制；A~E 为英制；OrCAD A~E 为 OrCAD 标准；其他还有 Letter、Legal、Tabloid 三种。

2）自定义风格。在"图纸选项"选项卡的"自定义风格"区域，选中"使用自定义

图 2-8　原理图图纸设置对话框

风格"复选框，激活各选项，如图 2-10 所示。改变图示参数的数值即可自定义图纸尺寸。

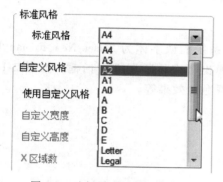

图 2-9　选择需要的标准图纸号

图 2-10　自定义图纸风格

2. 图纸方向

在"图纸选项"选项卡的"选项"区域，单击"方向"右边的下拉按钮，在弹出的下拉列表中选择 Landscape（横向）或 Portrait（纵向），如图 2-11 所示。通常情况下，绘图及显示设为横向，打印设为纵向。

3. 图纸标题栏

在"图纸选项"选项卡的"选项"区域，单击"图纸明细表"右边的下拉按钮，如图 2-12 所示，可

图 2-11　设置图纸方向

切换标题栏格式。Protel DXP 2004 提供了 Standard（标准格式）和 ANSI（美国国家标准协会支持格式）两种标题栏模式，标准标题栏如图 2-12 所示，主要参数有：Title（标题）、Size（图纸尺寸）、Number（编号）、Revision（版本号）、Drawn By（绘图者）等。

4. 图纸颜色

图纸颜色包括边缘色和图纸颜色。

1）"边缘色"选项用来设置图纸边框的颜色。单击"边缘色"右边的颜色框，弹出

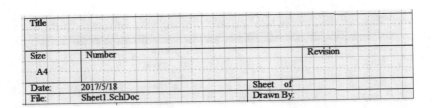

图 2-12　标准标题栏

"选择颜色"对话框，如图 2-13 所示。该对话框包含"基本""标准""自定义"三个选项卡。"基本"选项卡中的"颜色"列出了当前可用的 239 种颜色，并定位于当前所使用的颜色。如果希望变更当前使用的颜色，可直接在"颜色"或"自定义颜色"栏中用鼠标单击选取，然后单击"确认"按钮完成选择。

边框的默认颜色是黑色，通常保持黑色不变；如果觉得颜色不够丰富，可以单击"选择颜色"对话框中的"标准"和"自定义"选项卡，选择喜欢的颜色。

2）"图纸颜色"选项用来设置图纸底色。设置方法与"边缘色"相同。通常可设置为长期观看而不易使眼睛疲劳的淡黄色。

5．系统字体

系统字体为图纸插入的汉字或英文设置字体。系统默认字体为 Times New Roman 常规 10 号字。单击图 2-8 中"改变系统字体"按钮，弹出"字体"属性对话框，如图 2-14 所示，可设置系统所使用文本的字体、字形、大小、颜色、效果等。

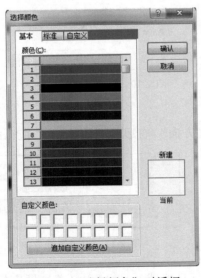

图 2-13　"选择颜色"对话框

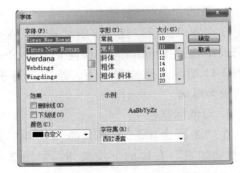

图 2-14　"字体"属性对话框

6．网格设置

格点是 PCB 设计中的一个基本概念，在 Protel DXP 2004 SP2 原理图设计界面看到的网格便是格点的一种。格点的存在为元器件的放置、电路的连线等设计工作带来了极大的便利。

（1）网格

在图 2-8 中，网格选项可用来设定捕获网格及可视网格的尺寸，如图 2-15 所示。"捕获"选项用来改变光标的移动间距，单位是 mil。

Protel 可使用英制和米制两种单位，一般使用英制单位 mil（微英寸）、米制单位 mm（毫米），它们之间的换算关系为 $100mil = 2.54mm$。

选中此项表示光标移动以"捕获"右边的设置值为基本单位移动；不选此项，则光标移动时以 1mil 为基本单位移动。"可视"选项设置可视化网格的尺寸以及是否显示可视网格。一般可视网格的尺寸和捕获网格的尺寸设为一致。因为捕获网格是看不到的，必须以可视网格作为参考。

（2）电气网格

设置是否采用电气网格以及电气网格的作用范围，如图 2-16 所示。当"有效"复选框被选中后，系统自动以"网格范围"输入框内所设定的数值为半径、以当前光标所指位置为圆心，搜索可连接电气节点。

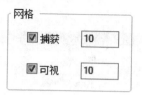

图 2-15　网格选项

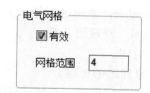

图 2-16　电气网格选项

7. 填写图纸设计信息

在"文档选项"对话框的"参数"选项卡下可以为图纸添加设计信息，如图纸的标题、编号、设计者、文件名称、文件数量、修改日期等，如图 2-17 所示。

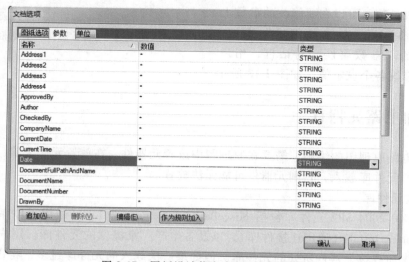

图 2-17　图纸设计信息参数设置对话框

在该对话框中提供的主要参数设置项介绍如下：

Address1、Address2、Address3、Address4：设计公司或单位地址。

ApprovedBy：项目设计负责人。

Author：设计者。

CheckedBy：审核者。

CompanyName：公司或单位名称。

CurrentDate：当前日期。

Date：设置日期。

Document Full Path And Name：文件路径和名称。

DocumentName：文件名称。

DocumentNumber：文件数量。

DrawnBy：绘图人名称。

Engineer：工程师名称。

ModifiedDate：修改日期。

Organization：设计机构名称。

Rule：设计规则。

SheetNumber：原理图编号。

SheetTotal：原理图总数。

Time：时间。

Title：原理图的标题。

对于以上参数设置，系统默认的参数值均为"＊"。若要填写设计信息，只需用鼠标单击相应的参数项的"数值"单元格，然后在激活的编辑框中输入需要填写的信息即可。

若要修改参数，可以在要修改的参数上双击或选中参数后，单击"编辑"按钮，会弹出相应的"参数属性"对话框，用户可以在上面修改各个设定值，如图 2-18 所示。

图 2-18 "参数属性"对话框

2.3 添加电路元器件

要完成电路原理图的绘制，需要在原理图中放置元器件。在放置元件之前，必须先将该元器件所在的元件库载入，否则元器件可能无法放置。

2.3.1 加载元件库

Protel DXP 2004 SP2 元件库包括 Miscellaneous Devices. IntLib（通用元件库）、Miscellaneous Connectors. IntLib（通用连接件库），以及各生产厂家提供的元件库。用户使用某元器件时，必须先加载该元器件所处的元件库。但如果一次载入的元件库过多，将占用过多的系统资源，同时也会降低程序的运行效率，所以建议只载入必要的元件库，而其他元件库在需要时再载入。

1. 装载元件库

1）单击【设计】→【追加/删除元件库】菜单项（见图 2-19）或者单击"元件库"面板

的"元件库"按钮，弹出如图 2-20 所示的"可用元件库"对话框。

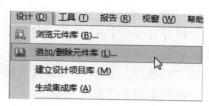

2）在该对话框中列出了已经安装的元件库，单击"安装"按钮，屏幕弹出元件库"打开"对话框，如图2-21 所示，可以加载元件库。

3）选取需要装载的元件库后，单击"打开"按钮，即可将该元件库装载。完成后，单击"关闭"按钮。

图 2-19 "追加/删除
元件库"菜单项

图 2-20 "可用元件库"对话框

图 2-21 加载元件库

系统元件库内已经默认加载了 Miscellaneous Devices. IntLib 库和 Miscellaneous Connectors. IntLib 库，通过鼠标操作放大元件库窗口及相关栏目，可以看到完整的元件名称（Component Name）、功能描述（Description）、所在的元件库（Library）、元件 PCB 封装（Footprint）名称、元件图标和封装形状等。

2. 卸载元件库

在图 2-20 中，使用"向上移动"或"向下移动"按钮，选中想要卸载的元件库。单击"删除"按钮，即可将该元件库删除。单击"关闭"按钮，完成卸载元件库操作。

第 2 章 电路原理图设计基础

3. 浏览元件库

执行【设计】→【浏览元件库】命令，或者单击设计工作区右侧边缘的"元件库"标签，均可以启动如图 2-22 所示的"元件库"面板（也称其为元件库管理器）。

该面板提供了如下信息：

1）最上方的 3 个按钮"元件库""查找"和"Place 2N3904"，表示了元件库管理的 3 种功能，即装载元件库功能、查找元件库功能和放置元器件功能。

2）第 1 个下拉列表框列出了已添加到当前开发环境中的所有集成库。默认情况下，已自动装载了 Miscellaneous Devices. IntLib 和 Miscellaneous Connectors. IntLib 两个集成库。

3）第 2 个下拉列表框为元器件过滤下拉列表框，用来设置匹配条件，以便于在该元件库中查找设计所需的元器件。

4）第 3 个下拉列表框为元器件信息列表，包括元器件名、元器件说明、元器件所在集成库及封装等信息。

5）所选元器件的原理图模型展示。

6）所选元器件的相关模型信息，如 PCB 封装模型（Footprint）、信号完整性模型（SignalIntegrity）及仿真模型（Simulation）等。

7）所选元器件的 PCB 模型展示。

4. 查找元器件

Protel DXP 2004 SP2 集成开发环境提供了丰富的元器件搜索功能，可以帮助我们快速定位元器件及其元件库。一般有以下几种情况的元件放置。

（1）元件库和元器件名都已知

这种情况是针对常用的元器件放置，可直接在"当前元件库"下拉列表框中选择已知元器件，并在其下面的搜索框中输入已知元器件名（或关键字），"元件列表"中将显示该目标元器件，选中该元器件，单击上面的"Place ×××"按钮（或双击元器件列表中的元器件名），即可将元器件显示在图纸上。选择好位置后单击鼠标左键，即可完成元器件的放置。一次放置后，软件还处于当前元器件状态，可多次放置；取消，则按 Esc 键。

例如，已知电阻 R 在元件库 Miscellaneous Devices. IntLib 中，元器件名为 Res2，那么可以在元件库管理器中进行上述操作，如图 2-23 所示。

（2）元件库已知、元器件名未知

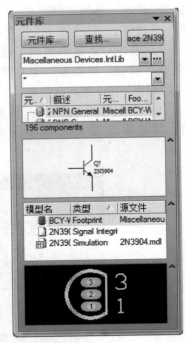

图 2-22 "元件库"面板

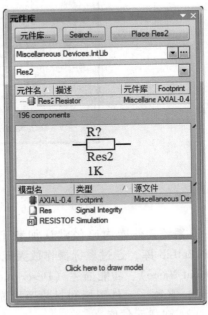

图 2-23 元件库和元器件名
都已知的元器件放置

这种情况特别针对常见但不常用的元器件，可以直接在"当前元件库"下拉列表框中选择已知元件库，并在其下面的搜索框中输入元器件关键字，元器件列表中将显示含有该关键字的所有元器件，然后从上至下依次选中每个元器件，根据元器件符号中所示元器件判别是否为目标元器件。如果是目标元器件，单击上面的"Place ×××"按钮（或双击元器件列表中的元件名），即可将元器件显示在图纸上。选择好位置后单击鼠标左键，即可完成元器件的放置。

例如，放置一个可调电阻 R_{adj}，在元件库和元器件名都已知的例子的基础上，可知可调电阻 R_{adj} 在元件库 Miscellaneous Devices.IntLib 中，而元器件名未知，按照上面所述操作，输入关键字 R 或 Res，可以找到可调电阻 R_{adj} 进行放置，如图 2-24 所示。

（3）元件库（软件已有）未知、元器件名未知

这种情况针对常见而没使用过的元器件，可直接使用元件库管理器的搜索功能进行元器件搜索。

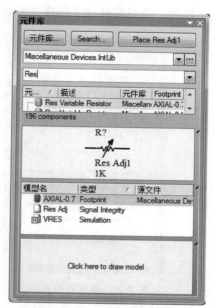

图 2-24　元件库已知、元器件名未知元器件放置

下面以晶体管 2N2219A 为例说明查找步骤。

1）在元件库管理器中单击"查找"按钮或执行菜单命令【查找】→【查找元件】，弹出"元件库查找"对话框，如图 2-25 所示。

2）在该对话框中设置元器件搜索的范围和标准。

①"文本框"区域用于输入要查询的内容，如输入"*2N22*"。

②"选项"区域用于选择查找类型，在下拉列表中可以选择 3 种查询类型：Components（元件名称）、Protel Footprints（元件封装）、3D Models（3D 模型）。选择 Components 项。

③"范围"区域选择所要进行搜索的范围。"可用元件库"表示当前加载的所有元器件库；"路径中的库"表示在右边"路径"栏中给定的路径下搜索元器件。

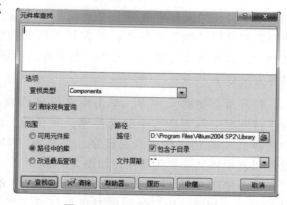

图 2-25　"元件库查找"对话框

④"路径"区域可以指定搜索的路径，在"范围"区域中选择"路径中的库"选项时才可使用。

3）设置完成后，单击"查找"按钮，即可进行搜索。

搜索结果显示在"元件库"面板中，如图 2-26 所示为搜索到的元器件 2N2219A，从中可以看到元器件名称、所在的元器件库、元器件的描述、元器件的符号预览和各种模型的显示。如搜索到的元器件所在元件库未装载，则会出现如图 2-27 所示询问框，询问是否装载

该元件库。是否装载该元件库，根据该元器件在电路中的用途多少来决定。

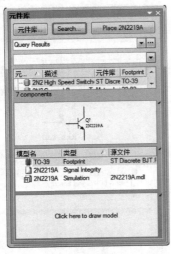

图 2-26　搜索到的元器件

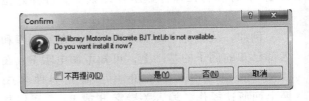

图 2-27　装载元件库询问框

2.3.2　放置元器件

在用户把需要的元件库加载到设计系统后，就可以在元件库中查找原理图绘制所需要的元器件符号，并将它们放置到图纸上。在 Protel DXP 2004 SP2 系统中提供了两种放置元器件的方法，一种是利用元件库面板，另一种是利用菜单命令。

1．通过"元件库"面板放置

对于常用的元器件放置，可直接在"当前元件库"下拉列表中选择已知的元件库，并在其下面的搜索框中输入已知的元器件名或关键字，元件列表中将显示该目标文件。具体方法如下：

打开所需要的元件库，单击库文件名列表框 ▼ 按钮，在下拉列表中单击所选中的元件库，并在其下面的搜索框中选择已知的元器件名或关键字，如搜索"2N3906"，元器件列表中将显示该元器件，如图 2-28 所示。

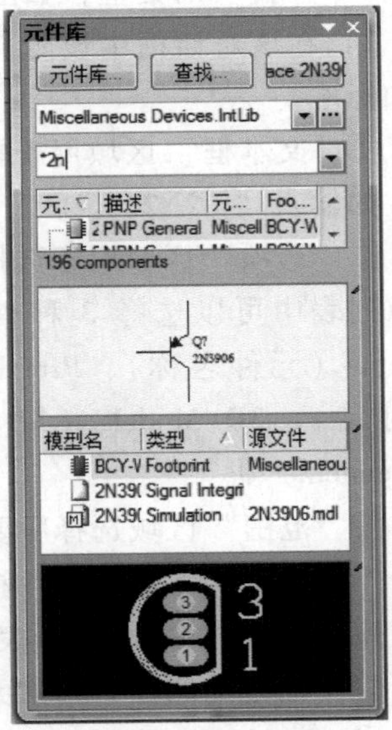

单击如图 2-28 所示元件管理器面板右上角的"Place 2N3906"按钮或选中元件的同时单击鼠标右键，也可以在元件管理器列表中双击元器件名，当光标变成十字状，同时晶体管悬浮在光标上时，移动光标到图纸的合适位置，单击鼠标左键完成元器件的放置，单击鼠标右键或按 Esc 键结束放置。

图 2-28　查找"2N3906"
显示结果

2．通过菜单放置

执行菜单【放置】→【元件】命令或直接单击连线工具栏上的按钮 ，即可打开如图 2-29 所示的"放置元件"对话框。

其中，"库参考"栏中输入需要放置的元器件名称，如电阻为 Res2；"标识符"栏中输入元器件标号，如 R1；"注释"栏中输入标称值或元器件型号，如 10k；"封装"栏用于设置元器件的 PCB 封装形式，系统默认电阻封装为 AXIAL-0.4。所有内容输入完毕，单击"确认"按钮，此时，元器件便出现在光标处，单击鼠标左键放置元器件。

图 2-29　"放置元件"对话框

如不了解元器件的名称，可以单击右边浏览器按钮"⬚"进行浏览，屏幕弹出如图 2-30 所示的对话框，从中可以查出元器件名与元器件图形的对应关系。

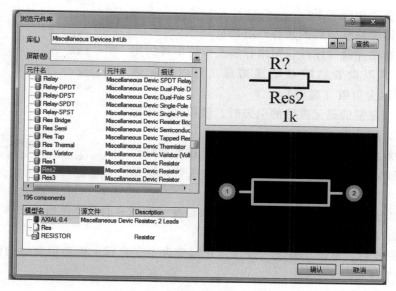

图 2-30　浏览元件库对话框

3. 使用常用元件工具命令放置元器件

Protel DXP 系统还提供了"实用工具"命令，如图 2-31 所示。以放置电阻为例，在元器件列表框中找到电阻，双击，光标上就出现了一个电阻元件，拖动光标到合适的位置，单击鼠标左键依次放置。

图 2-31　"实用工具"命令对话框

2.3.3　元器件编辑

1. 元器件的复制、剪切与粘贴

在原理图绘制过程中，往往需要多次使用同一种元器件，频繁选取会使设计者感觉很烦琐，影响工作效率。本节主要介绍原理图中元器件的复制、粘贴、阵列式粘贴、排列与对齐等操作。

复制：执行菜单【编辑】→【复制】命令，或者按快捷键 Ctrl + C 键，将选取的元器件作为副本放入剪贴板中。

剪切：执行菜单【编辑】→【裁剪】命令，或者按快捷键 Ctrl+X 键，将选取的元器件直接放入剪贴板中，同时删除被选中的元器件。

粘贴：执行菜单【编辑】→【粘贴】命令，或者按快捷键 Ctrl+V 键，将剪贴板中的对象复制到原理图中。

2. 元器件的阵列式粘贴

在绘制原理图时，需要进行多次重复粘贴才能得到一组相同的元器件时，可以采用 Protel DXP SP2 提供的阵列式粘贴功能，复制出来的元器件组可以按照一定格式排列。其操作如下：

1）选择需要复制的元器件，执行复制命令。

2）执行菜单【编辑】→【粘贴队列】，也可以单击实用工具栏的粘贴队列按钮。执行命令后，系统弹出"设定粘贴队列"对话框，如图 2-32 所示。

对话框中各项功能如下：

项目数：需要粘贴得到的元器件组数量。

主增量：粘贴元器件序号、网络标签及字符串等的尾数为数字时，可以设置数字量的递增量，可以为正数（递增），也可以为负数（递增）。

次增量：当复制的是元器件的引脚时，该项可以作为引脚的递增量，默认为 1。

水平：设定参考点之间的水平距离，用来设置粘贴出来的元器件组的水平偏移量，可以为正数或负数，默认为 0。

图 2-32 "设定粘贴队列"对话框

垂直：设定参考点之间的垂直距离。用来设置粘贴出来的元器件组的偏移量，可以设置为正数或负数，默认为 10。

3）设置完成后，单击"确认"按钮，光标变为十字光标，移动到合适的位置，单击鼠标左键完成设置。

3. 新增复制元器件方法

在 Protel DXP SP2 中，新增了"复制"和"橡皮图章"两种元器件复制命令。

（1）"复制"命令

在菜单"编辑"里，可以看到两个"复制"命令，分别为"复制（C）"和"复制（I）"。"复制（C）"是通常使用的复制命令；"复制（I）"是直接创建副本，具体操作如下：

选中需要复制的元器件，然后执行菜单【编辑】→【复制（I）】命令，或者快捷键 Ctrl+D 键。执行该命令后，在被选中的元器件右下方创建了一个该元器件的副本，原来被选中的元器件解除选中，新建的元器件处于选中状态，该元器件同时也被放到剪贴板中。

（2）"橡皮图章"命令

与上面介绍的"复制"命令类似，使用"橡皮图章"命令复制元器件，不需要对复制对象进行复制或剪切等操作，可以直接创建元器件的副本，具体操作如下：

选中需要复制的元器件，然后执行菜单【编辑】→【橡皮图章】命令，也可以使用快捷键 Ctrl+R 键，也可以单击标准工具栏上的橡皮图章按钮。执行该命令，选中的元器件会附着在光标上，移动光标到合适位置后单击鼠标左键，可以放置元器件的副本。该状态可以连续放置，不需要放置可以单击鼠标右键或 Esc 键退出。"橡皮图章"命令也会将选中元器件复制到剪贴板上，与上面的"复制（I）"命令不同的是，放置出来的副本是处于非选中状态。

4. 元器件的排列和对齐

在绘制电路原理图的过程中，当全部元器件放置在图纸上后，需要对放置的元器件进行布局。可以使用菜单"编辑"→"排列"中的命令项对元器件进行排列和对齐操作，如图 2-33 所示。

左对齐排列：执行命令后元器件最左端处于同一条直线上。

右对齐排列：执行命令后元器件最右端处于同一条直线上。

水平中心排列：执行命令后元器件的中心将处于同一条直线上。

水平分布：执行命令后，处于最左边和最右边的元器件位置不变，中间的元器件将会水平移动，所有元器件之间均匀分布。

复制 (I)	Ctrl+D		排列 (A)...	
橡皮图章 (B)	Ctrl+R		左对齐排列 (L)	Shift+Ctrl+L
变更 (H)			右对齐排列 (R)	Shift+Ctrl+R
移动 (M)	▶		水平中心排列 (C)	
排列 (G)	▶		水平分布 (D)	Shift+Ctrl+H
跳转到 (J)	▶		顶部对齐排列 (T)	Shift+Ctrl+T
选择存储器 (L)	▶		底部对齐排列 (B)	Shift+Ctrl+B
增加元件号码			垂直中心排列 (V)	
查找相似对象 (N)	Shift+F		垂直分布 (I)	Shift+Ctrl+V
			排列到网格 (G)	Shift+Ctrl+D

图 2-33　元器件的排列和对齐命令

排列到网络：执行命令后，元器件将会被移动到最近的栅格上。

另外：顶部对齐排列、底部对齐排列、垂直中心排列和垂直分布是垂直方向上的元器件的放置命令，与水平方向操作相同。

例如，元器件的左对齐排列操作如下：

1）选中要排列的元器件，如图 2-34 所示。

2）执行菜单【编辑】→【排列】→【左对齐排列】命令，或者实用工具栏中"左对齐排列"按钮，执行命令后，元器件最左端处于同一条直线上，左对齐排列后的效果如图 2-35所示。

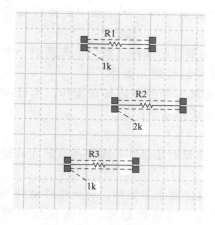

图 2-34　要排列的元器件

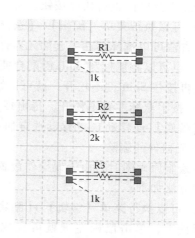

图 2-35　左对齐排列后的效果

2.3.4 元器件的布局

元器件布局是利用对元器件的编辑操作命令，使元器件移动、旋转放到需要的合适位置，使绘制出的原理图更加美观，可读性更强。

1. 元器件的旋转

在绘制原理图时，有时需要对元器件进行旋转操作才符合所绘制原理图要求，其操作方法如下：

1）通过"元件属性"对话窗口中的"方向"项可以选择旋转的角度，通过"被镜像的"项选择元器件是否镜像。

2）Space（空格）键：单击元器件不放开，使被操作元器件出现十字光标，然后按下Space（空格）键，每按下一次，元器件逆时针旋转90°。

3）X键与Y键：单击元器件不放开，使被操作元器件出现十字光标，然后按下X键或者Y键，元器件就被镜像了。每按一次按键，X键使元器件以十字光标为中心做水平翻转；Y键使元器件以十字光标为中心做垂直翻转。

2. 元器件的移动

（1）单个元器件的移动

单个元器件的移动方法如下：

1）将鼠标移动到想要移动的元器件上，按下鼠标左键不松开，在选中的元器件上出现十字光标，拖动元器件到想要放置的位置，这时松开鼠标左键完成移动操作。

2）可以执行菜单【编辑】→【移动】命令项，出现十字光标后，将光标移动到要移动的元件上单击鼠标左键，选中移动元器件，移动到所需位置后，单击鼠标左键完成放置。此时还可以继续对其他元器件移动操作，不需要移动时可以单击右键或者按Esc键结束移动。

（2）多个元器件的移动

多个元器件的移动方法如下：

1）将鼠标移动到该区域的一个角（一般习惯都是左上角），然后按下鼠标左键不松开，将光标拖拽到目标区域的右下角，使需要移动的目标元器件全部框起来。

2）可以执行菜单【编辑】→【选择】→【区域内对象】命令项来选择目标元器件。另外，此命令在工具栏内也有快捷按钮。

3）可以执行菜单【编辑】→【选择】→【切换选择】命令项，逐个选中需要移动的元器件，此方法可以选择不在一起的元器件。

4）也可以将鼠标和Shift键配合使用来完成多个元器件的选择。首先单击其中一个元器件后，再按住Shift键不松开，就可以继续选取其他需要选择的元器件了。

5）按下鼠标左键不松开，待出现十字光标后，拖拽元器件完成移动操作。也可以执行菜单【编辑】→【移动】→【移动选定的对象】命令来完成移动操作。

3. 元器件的删除

在绘制原理图时，由于误操作放置了多余或者不需要的元器件，需要将其删除。删除元器件的方法如下：

1）可以执行菜单【编辑】→【删除】命令项，这时出现十字光标，将光标移动到不需要的元器件上，单击鼠标左键就可完成删除操作，此命令可连续删除。单击鼠标右键或按<Esc>键退出该命令。

2）首先选中想要删除的元器件，然后执行菜单【编辑】→【清除】命令项，就可完成删除所选元器件。

3）选中元器件后，也可按 Del 键或者 Ctrl+Del 键或者 Shift+Del 键，同样都可以完成删除选中的元器件。

2.3.5 元器件属性设置

放置到工作区的元器件尚未定义元器件标号、标称值和封装形式等属性，因此必须重新设置元器件的参数。

在放置元器件状态时，按键盘上 Tab 键，或者在元器件放置好后双击该元器件，弹出"元件属性"对话框，如图 2-36 所示为电阻 Res2 的元件属性对话框，图中主要参数设置如下：

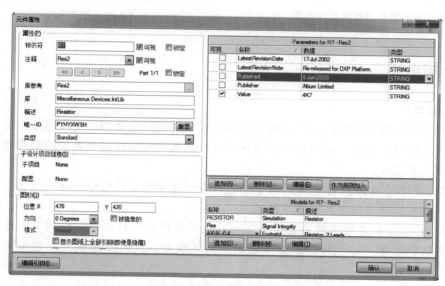

图 2-36 "元件属性"对话框

"标识符"后的文本框中可以输入元器件在原理图中的序号，输入"R1"。其后的"可视"复选框如果被选中表示其可见，反之，表示不可见。"锁定"复选框如果被选中，则表示将序号锁住不可修改。

"注释"后的文本框中用于输入对元器件的注释，通常输入元器件的名字。其后的"可视"复选框含义同上。

"库参考"后的文本框是系统给出的元器件型号。

"库"后列出的是元器件所在的库名。

"描述"后列出的是元器件的描述信息。

"唯一 ID"后是系统给出的元器件编号，无须修改。

在"图形"选择区域中，位置 X 和位置 Y 用来精确定位元器件在原理图中的位置。用户可以在其后直接输入坐标。方向用于设置元器件的翻转角度。镜像复选框用于设置是否需要元器件镜像。属性设置前后的电阻如图 2-37 所示。

如果只对元器件标识符和型号属性进行编辑，也可以通过双击需要修改的标识符，弹出参数属性对话框进行设置，如图 2-38 所示。

第 2 章 电路原理图设计基础

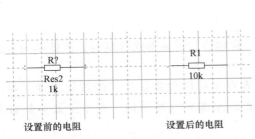

图 2-37　属性设置前后的电阻　　　　　　图 2-38　参数属性对话框

2.4　连接电路

2.4.1　放置导线

当所有元器件放置完毕后，可以进行电路原理图中各对象之间的电气连接。按照电路设计的要求将对象连接起来，从而可以建立各元器件之间的实际连接关系。绘制连接需要采用放置导线模式来完成。

1）执行菜单【放置】→【导线】命令项，或者单击配线工具栏中的导线按钮，进入放置导线模式，此时鼠标光标带有小米字形状。

2）将光标移动到需要连接的起始点，一般是元器件的引脚，当移动到电气连接点时变成了放大的红色"米"字光标，说明搜索到了电气节点，这时单击鼠标左键就可以确定起始点。

3）确定起始点后，移动光标会发现自起始点处拖动出一根直导线，在需要改变导线方向的位置单击或按 Enter 键就可以确定拐点。此时该点也就是新的起始点了，直到单击到另外一个电气节点或主动退出（单击鼠标右键或按 Esc 键）放置导线命令时，即完成该导线的绘制，可以连续进行其他导线放置。放置导线示意图如图 2-39 所示。

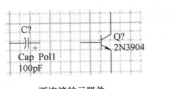
要连接的元器件

连接标志

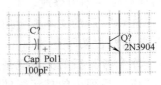
连接后的元器件

图 2-39　放置导线示意图

在绘制导线时，可以通过空格键来切换折线的走向，还可以通过按 Shift+空格键来切换导线的模式，共有 4 种模式：直角、45°角、任意角和自动连接导线。导线转角示意图如图2-40所示。

在绘制好的导线上双击或者绘制过程中按下 Tab 键，则将弹出"导线"属性对话框，

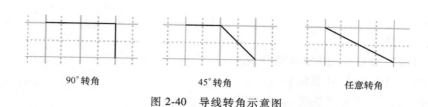

90°转角　　　　　　　　45°转角　　　　　　　　任意转角

图 2-40　导线转角示意图

如图 2-41 所示，用户可以在对话框中设置导线的颜色和宽度。导线和元器件一样可以选中进行删除、拖动等操作。

2.4.2　放置电气节点

节点用于确定两条交叉的导线在交叉点处是否连通，如果交叉点处存在节点，则表明两条导线在电气上是连通的，否则就认为不存在电气连接。

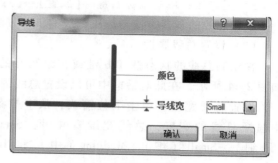

图 2-41　"导线"属性对话框

Protel DXP 2004 SP2 原理图中的导线有两种交叉方式：十字交叉和 T 字交叉。系统默认在 T 字电气交叉点处自动放置电气节点；而十字交叉处且需要相互连接时，必须由设计人员手工放置电气节点，如图 2-42 所示。

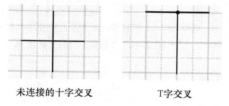

未连接的十字交叉　　　　T字交叉　　　　十字交叉自动连接　　　放置节点的十字交叉

图 2-42　交叉线的连接

放置电气节点的方法如下：

1）执行【放置】→【手工放置节点】命令，这时光标变成十字形状并附着电气节点。

2）移动光标到需要放置电气节点的地方，单击鼠标左键可完成放置。单击鼠标右键或按 Esc 键退出放置电气节点状态。

在放置电气节点时，按 Tab 键可以打开"节点"对话框，也可以通过用鼠标双击已放置的电气节点，打开"节点"对话框。根据需要可以设置电气节点的属性：颜色、位置及尺寸，如图 2-43 所示。

2.4.3　放置总线和网络标签

在绘制原理图的过程中，经常会出现一组具有相关性的并行导线，为了绘制方便，可以将这一组导线绘制在一起，用一根较粗的线来表示，这根线就是总线。在使用总线时，单纯绘制总线是没有电气连接意义的，必须添加总线分支和网络标签，才能构成一个完整的电气连接。

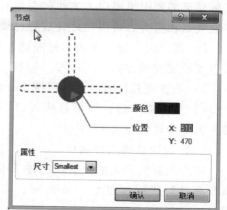

图 2-43　"节点"对话框

1. 总线

（1）放置总线

执行"总线"命令常用方式有以下几种：

1）菜单栏：【放置】→【总线】。

2）配线工具栏："放置总线"。

3）工作区：单击鼠标右键→【放置】→【总线】。

放置总线的步骤方法与放置导线的步骤方法相同，在此不再赘述。

（2）设置总线属性

在绘制总线的状态按 Tab 键或在绘制好的总线上双击可以打开"总线"属性对话框，如图 2-44 所示，在此对话框中可以设置总线的宽度和颜色。

设置总线宽度：单击下拉箭头，从下拉菜单中选择总线的宽度，总线宽度有 4 种：Smallest（最细）、Small（细）、Medium（中）和 Large（粗）。

设置总线颜色：单击色彩条，即可打开设置颜色对话框，对颜色进行设置。

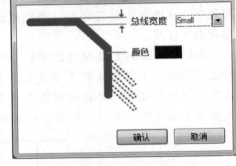

图 2-44 "总线"属性对话框

2. 总线入口

放置好总线后，还需要将其与元器件引脚上引出的导线连接起来，这就需要用到总线入口。总线入口也叫总线分支。

（1）放置总线入口

执行"总线入口"命令常用方式同样有以下 3 种：

1）菜单栏：【放置】→【总线入口】。

2）配线工具栏："放置总线入口"。

3）工作区：单击鼠标右键→【放置】→【总线入口】。

放置总线入口的步骤如下：

1）执行"总线入口"命令后光标变成十字状，并带有向右上方倾斜 45°的短斜线，将光标移至需要引出或引入支线的总线位置，如果光标处出现红色"×"，则表明光标与元器件电气点相重叠，可以在此处放置总线入口。

2）在选定位置上单击鼠标左键，完成一个支线的放置，可重复放置其他总线入口。如果需要改变支线方向，可以按"空格"键改变角度。

3）放置完总线入口后，可按 Esc 键或右击工作区退出导线放置状态。

4）放置完毕后，如果总线入口不是与元器件直接相连，还需要与总线入口用导线连接。以上步骤如图 2-45 所示。

（2）设置总线入口属性

在绘制总线分支的浮动状态按 Tab 键或在绘制好的总线分支上双击可以打开"总线入口"属性对话框，如图 2-46 所示，在此对话框中可以设置总线分支的首尾位置、宽度和颜色。

设置总线分支宽度：单击下拉箭头，从下拉菜单中选择总线分支的宽度，总线分支宽度

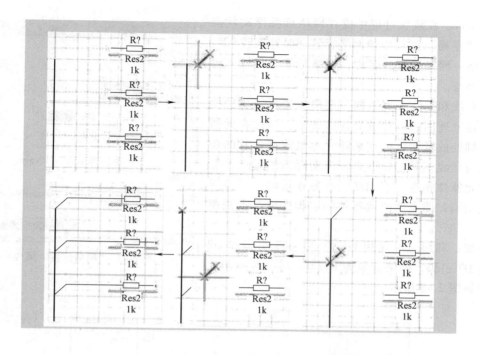

图 2-45　放置总线入口

有 4 种：Smallest（最细）、Small（细）、
Medium（中）和 Large（粗）。

　　设置总线分支颜色：单击色彩条，即
可打开设置颜色对话框，对颜色进行
设置。

　　设置总线分支的位置：单击数字可以
直接更改总线分支的坐标。

　　3. 网络标签

　　（1）放置网络标签

　　执行"放置网络标签"的命令后，
光标变成十字状，并且网络标签浮动在十

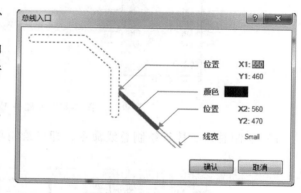

图 2-46　"总线入口"属性

字光标上，直接单击需要放置网络标签的位置，即可放置网络标签。

　　网络标签与元器件类似，只有一个端点具有电气连接特性，网络标签的电气连接端点在
其左下角位置。

　　（2）设置网络标签属性

　　在放置网络标签的浮动状态按 Tab 键或在绘制好的网络标签上双击可以打开"网络标
签"属性对话框，如图 2-47 所示，在此对话框中可以设置网络标签属性。

　　设置网络标签颜色：单击色彩条，即可打开设置颜色对话框，对颜色进行设置。

　　位置 X、Y：此位置指的是网络标签的电气连接端点位置。

　　方向：设置网络标签的旋转角度，有四种角度：0 Degrees、90 Degrees、180 Degrees 和

270 Degrees。在放置过程中或在网络标签浮动状态下，按"空格"键可以使网络标签逆时针旋转90°。

网络：网络标签的名称，网络标签字母输入时不分大小写。

与总线和总线入口不同，网络标签可以单独使用，它是原理图的一种重要连接方法，通过在元器件的引脚处放置网络标签来建立电气连接。它的连接方式与导线不同，导线必须有实际线的连接才能表明两元器件相连，而用网络标签连接时，只要网络标签相同，即表明两元器件的引脚在电气上是相通的。

例如：利用总线连接 U1 的 Q0~Q7 引脚和 U2 的 D0~D7 引脚，网络标签为 D【0…7】。两元器件示意图如图 2-48 所示。

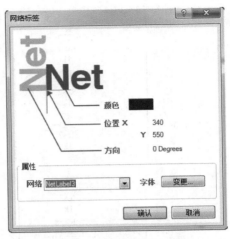

图 2-47 "网络标签"属性

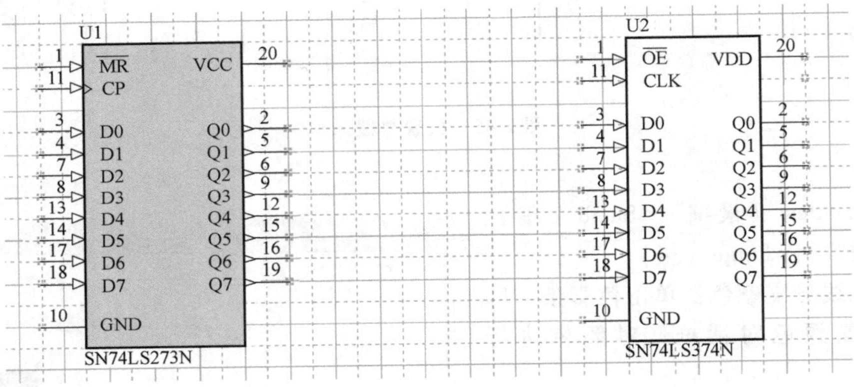

图 2-48 元器件 U1 和 U2

1）绘制总线。执行绘制总线命令，即可绘制总线，绘制完成后的总线如图 2-49 所示。

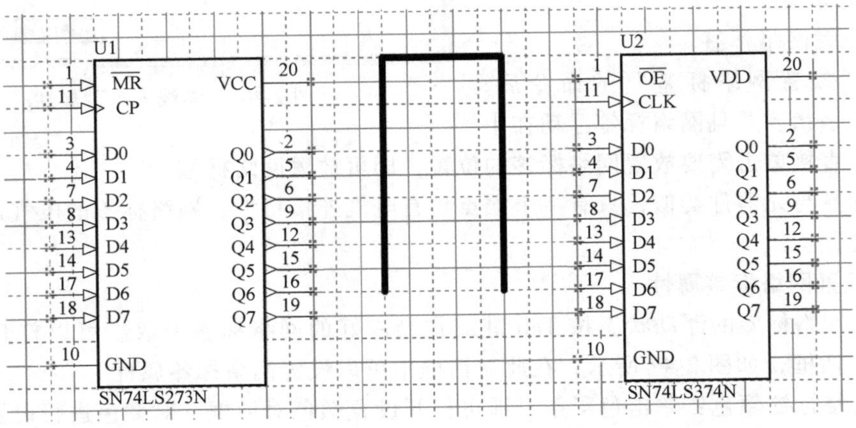

图 2-49 绘制完成后的总线

2）绘制总线入口。执行绘制总线入口命令，找到合适的位置放置总线入口即可，绘制完成总线入口之后的电路图如图 2-50 所示。

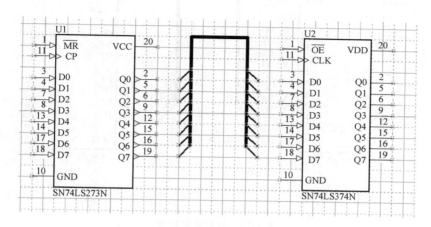

图 2-50　绘制总线入口

3）绘制导线。导线在这里的作用是给放置网络标签提供一定的空间，绘制完成后的电路图如图 2-51 所示。

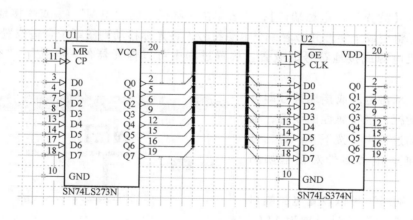

图 2-51　绘制导线

4）放置网络标签。执行放置网络标签命令，当网络标签浮动在光标上时，按 Tab 键，弹出网络标签属性对话框中输入"D0"，单击"确认"按钮，即可将网络标签放置在 U1 元件 Q0 引脚的端点上。继续放置时网络标签的数字会自动加一，一直放到"D7"，在按 Tab 键修改网络标签为"D0"，将其放置到 U2 元件上，直到"D7"。再按 Tab 键修改网络标签为"D【0…7】"，将其放置到总线上，为总线网络标签。单击鼠标右键结束放置网络标签状态。放置网络标签完成后的电路图如图 2-52 所示。

第2章　电路原理图设计基础

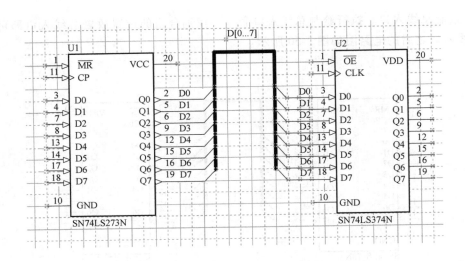

图 2-52　放置网络标签

2.4.4　放置接地和电源符号

电源和接地是电路图的重要组成部分，它们属于网络标签的一种特殊形式，因此，电源和地线也符合网络标签的特性，当网络标签名称相同时表明具有连接关系。

通过菜单【放置】→【电源端口】，或者单击工具栏上的"电源" $\boxed{}$ 或"接地" $\boxed{}$ 工具按钮后，光标将变成十字形并带着一个电源符号，将光标移动到图纸中合适位置，单击鼠标左键即可完成电源或接地符号的放置。放置过程中可以像元器件一样按下"空格键"旋转90°。

完成后，双击电源或接地符号即可打开属性对话框，进行属性的设置；也可以在放置的过程中，按下 Tab 键，打开属性对话框。电源属性对话框如图2-53所示。

其中，"网络"可以设置电源端口的网络名，通常电源符号设置为 VCC，接地符号设置为 GND；将光标移动到"方向"栏后的 90 Degrees 处，屏幕出现下拉列表，可以选择电源的旋转角度，有 0°、90°、180°、270° 共 4 种。将光标移动到"风格"栏后的 Bar 处，屏幕出现下拉列表框，可以选择电源和接地的图形符号，共有 7 种，如图 2-54 所示。

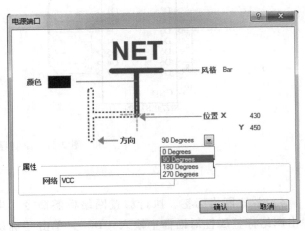

图 2-53　电源属性设置对话框

注意：在放置电源接口时，开始出现的是电源符号，若要改为接地符号，除了要修改符号图形外，还必须将网络名修改为 GND，否则，在印制电路板布线时会出错。

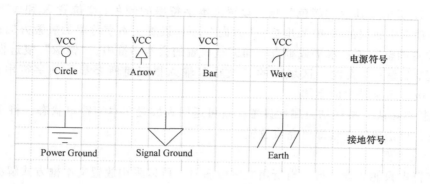

图 2-54　电源和接地图形符号

2.4.5　放置电路 I/O 端口

端口通常表示电路的输入或输出，因此也称为输入/输出端口，或称 I/O 端口，端口通过导线与元器件引脚相连，具有相同名称的 I/O 端口在电气上是相连通的。

通过菜单【放置】→【端口】，或者单击工具栏上"端口"按钮，光标将变成十字形并附着一个端口，将光标移动到图纸中合适的位置单击鼠标左键，确定 I/O 端口的起点，拖动光标可以改变 I/O 端口的长度，调整到合适的大小后，再单击鼠标左键，即可放置一个 I/O 端口，如图 2-55 所示，单击鼠标右键退出放置状态。

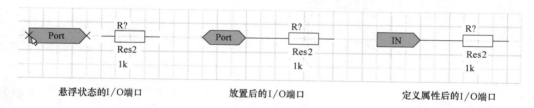

图 2-55　放置 I/O 端口

双击 I/O 端口或者在放置过程中按 Tab 键，可以打开属性对话框，如图 2-56 所示。进行参数调整，可以调整端口的颜色、字体、长度、名称、类型等。

2.4.6　放置文字说明

在电路图中，需要加入一些文字来说明电路原理，这些文字可以通过放置文字字符串或文本框的方式实现。

1. 放置文本字符串

可以通过放置文本字符串来添加注释。放置文本字符串方法如下：

1）可执行菜单【放置】→【文本字符串】命令项，也可单击实用工具栏中的放置文本字符串按钮。启动放置命令，光标变成十字并附着"Text"字符。

2）按 Tab 键可打开"注释"对话窗

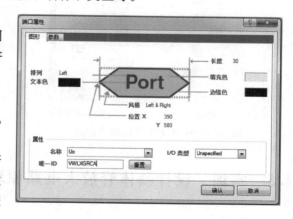

图 2-56　端口属性设置

口，如图 2-57 所示。其中"颜色"项：设置文本字符串的颜色；"位置 X 和 Y"项：设置字符串在原理图中放置的 X 和 Y 坐标；"方向"项：设置文本字符串的放置方向；"水平调整"与"垂直调整"项：水平或垂直方向调整放置的文本字符串；"镜像"复选框项：实现字符串的镜像放置；"属性"区域中的"文本"输入框就是所要显示的字符串；"字体"项：可以更改显示字符串的字体。

3）单击"确认"按钮结束属性设置，就可返回到放置文本字符串状态，将字符串移动到所需位置，单击鼠标左键即可完成放置。

2. 放置文本框

文本字符串只能放置一行，当所用文字较多时，可以采用放置文本框方式解决。

1）执行菜单【放置】→【文本框】命令项，也可单击实用工具栏中的放置文本框按钮。启动放置命令，光标变成十字并附着一个文本框，进入文本框放置状态。

2）将光标移动到工作区，按下 Tab 键，屏幕弹出"文本框"对话框，选择"文本"右边的"变更"按钮，屏幕弹出文本编辑区，在其中输入文字（最多可输入 32000 个字符），完成输入后，单击"确认"按钮退出。

3）将光标移动到合适的位置，单击鼠标左键定义文本框的起点，移动光标到所需位置设置文本框大小后再次单击鼠标左键，定义文本框尺寸并放置文本框，单击鼠标右键退出放置状态。

若文本框已经放置好，双击该文本框也可以调出"文本框"属性对话框。如图 2-58 所示。

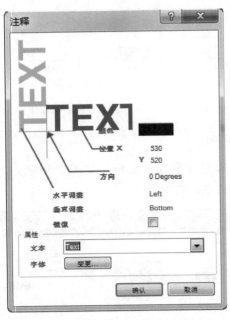

图 2-57　放置文本字符串对话框

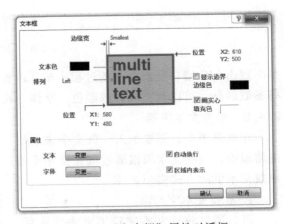

图 2-58　"文本框"属性对话框

2.5　实训　设计晶体管放大电路原理图

1. 实训要求

设计如图 2-59 所示晶体管放大电路原理图，要求：A4 图纸；水平放置；图纸边框颜色默认；栅格 10；捕捉 5；电气栅格 4。

2. 分析

晶体管放大电路由电阻、电容、端口、晶体管等组成，绘制此图时，先放置所有元器件，确定晶体管位置后进行元器件布局，然后用导线将其连接起来，最后放置电源符号和端口，即可完成电路原理图的绘制。

3. 操作步骤

1）新建电路原理图文件。启动 Protel DXP 2004 SP2 软件，在 Protel DXP 2004 SP2 主窗口下，执行菜单【文件】→【创建】→【项目】→【PCB 项目】。Protel DXP 2004 SP2 系统会自动创建一个名为"PCB_ Project1. PrjPCB"的空白

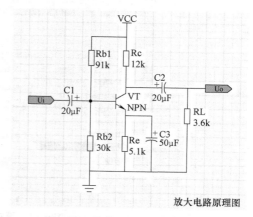

图 2-59　晶体管放大电路原理图

项目文件。执行菜单【文件】→【另存项目为】，屏幕弹出另存项目对话框，更改文件名为"晶体管放大电路"，单击保存按钮，完成项目保存。

执行菜单【文件】→【创建】→【原理图】创建原理图文件，系统将在该 PCB 项目中新建一个空白原理图文件。用鼠标右击原理图文件"Sheet1. SchDoc"，在弹出的菜单中选择"另存为"，屏幕弹出一个对话框，将文件改名为"晶体管放大电路图"并保存，如图 2-60 所示。

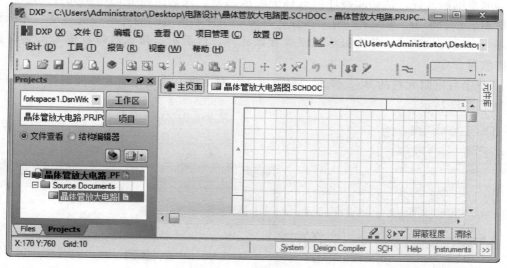

图 2-60　新建电路原理图文件

2）设置原理图工作环境。创建一个原理图文件后，执行"设计"→"文档选项"命令，进入如图 2-61 所示原理图图纸设置对话框。可以对图纸选项、参数、单位进行修改，这里我们按设计要求设置为 A4 纸，横向，图纸颜色默认，边界默认黑色，栅格可视 10，捕获 5，电气栅格 4，单位为英制 mils。

3）加载元件库（如已经加载可省略此步骤）。单击【设计】→【追加/删除元件库】菜

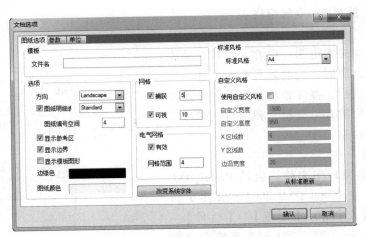

图 2-61　原理图图纸设置对话框

单项，"可用元件库"对话框。在该对话框中列出了已经安装的元件库，单击"安装"按钮，屏幕弹出元件库"打开"对话框，可以加载元件库。选取需要装载的元件库后，单击"打开"按钮，即可装载该元件库。完成后，单击"关闭"按钮。

4）放置元器件。

① 执行【设计】→【浏览元件库】命令，或者单击设计工作区右侧边缘的"元件库"标签，均可以启动"元件库"面板（也称其为元件库管理器）。

② 放置电阻元件，拖动元器件列表框中的滚动条，找到所需要的电阻元件 Res1，如图 2-62 所示。然后单击"Place Res1"按钮，此时一个浮动的电阻随光标一起移动，光标移动到原理图中适当位置时，单击鼠标左键放置该元件，然后单击鼠标右键或按 ESC 键，退出元器件放置命令。

③ 单击各电阻元件的 R?，弹出"参数属性"对话框，修改电阻元件标识符、数值等属性，如图 2-63 所示。

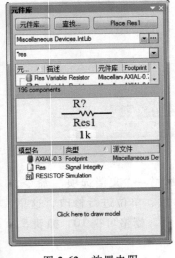

图 2-62　放置电阻

图 2-63　修改电阻元件标识符

④ 放置其他元器件，采用同样的方法添加放大电路的其他元器件，并修改属性。元器件放置完成后如图 2-64 所示。

⑤ 调整元器件位置，在元器件放置完成后，如对其位置不满意，可以拖动元器件调整其位置，合理调整布局后的原理图如图 2-65 所示。

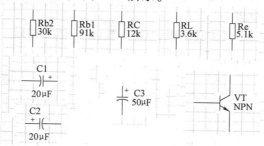

图 2-64　放置电路元器件

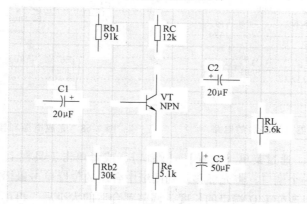

图 2-65　调整元器件位置

5）连接导线。单击命令【放置】→【导线】，或单击工具栏中的放置导线按钮命令，移动光标到要连接元器件的引脚处，确定导线的起始位置，如图 2-66a 所示，单击或按 Enter键确定导线的一端。移动光标会看见导线从所确定的端点延伸出来，单击要连接的另外一个元器件的电气节点，确定导线的第二个端点，完成连接，如图 2-66b 所示。

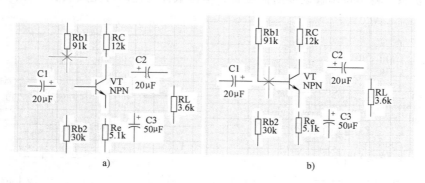

图 2-66　连接导线
a）导线的起始位置　b）确定导线的第二个端点，完成连接

重复上述方法，直到完成所有元器件之间的电路连接后，单击鼠标右键或按 Esc 键退出导线绘制状态，完成元器件连接后的电路原理图，如图 2-67 所示。

6）放置电源端口，单击菜单命令【放置】→【电源端口】，然后按下 Tab 键打开"电源端口"属性设置对话框，设置该电源参数后，单击"确认"。或直接单击工具栏中的"VCC 电源端口"命令按钮进行放置。

同样方法，通过菜单命令或工具栏中"GND 端口"，放置接地。完成电源和接地放置后的电路如图 2-68 所示。

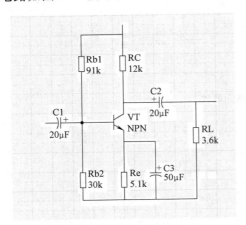

图 2-67　完成元器件连接后的电路

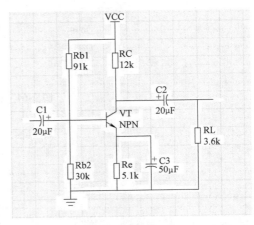

图 2-68　完成电源和接地放置后的电路

7）放置 I/O 端口。通过菜单【放置】→【端口】，或者单击工具栏上"端口"按钮，光标将变成十字形并附着一个端口，将光标移动到图纸中合适的位置单击鼠标左键，确定 I/O 端口的起点，拖动光标可以改变 I/O 端口的长度，调整到合适的大小后，再单击鼠标左键，即可放置一个 I/O 端口，单击鼠标右键退出放置状态。完成 I/O 端口放置后的电路如图 2-69 所示。

8）放置文字说明。可执行菜单【放置】→【文本字符串】命令项，也可单击实用工具栏中的放置文本字符串按钮。启动放置命令，光标变成十字并附着"Text"字符。按 Tab 键可打开"注释"对话窗口。在"属性/文本"处输入"放大电路原理图"字样（单击"变更"可以更改字体、字形、字号、颜色等参数），单击"确认"按钮结束属性设置，返回到放置文本字符串状态，将字符串移动到所需位置，单击鼠标左键即可完成放置，如图 2-70 所示。

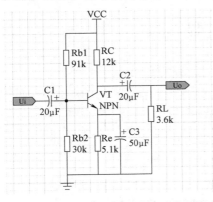

图 2-69　完成 I/O 端口放置后的电路

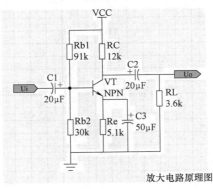

放大电路原理图

图 2-70　放置文字说明

9）单击菜单命令【文件】→【保存】，打开保存文件对话框，选择保存路径，单击"保存"按钮，保存该原理图。

自此原理图的画图工作已经完成，在画图过程中不是一定要按照上述的顺序进行操作，可根据画图时遇到的不同情况，灵活运用上述内容。

2.6 思考与练习

1. 简述原理图绘制的基本流程。

2. 在原理图绘制过程中，如何设置元器件参数，如何改变元器件方向？

3. 新建一个 PCB 项目文件，并以"Exercise2_ 1. PrjPCB"为文件名，保存在路径"E：\ Chapter2"中。

4. 在"Exercise2_ 1. PrjPCB"项目文件下，新建原理图文件，另存为"Exercise2_ 1. SchDoc"。

5. 装载 Miscellaneous Devices. IntLib、Motorola Analog Timer Circuit. IntLib 和 Motorola Amplifier Operational Amplifier . IntLib 三个元件库，绘制如图 2-71 所示电路图。

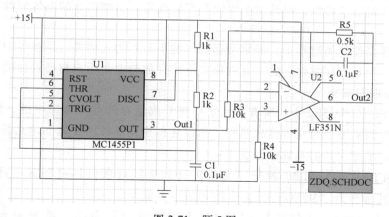

图 2-71　题 5 图

第3章　原理图库元件制作

元器件是原理图的重要组成部分，尽管 Protel DXP 2004 SP2 已经提供了大量的原理图元件库，但也不可能将所有元器件都包含进去，在设计原理图时在元件库里无法找到自己想要的元器件，这时就需要自己动手创建新的原理图元件库。下面介绍如何使用原理图库文件编辑器来创建需要的原理图元件库。

3.1　原理图库文件与元器件的创建

原理图元器件符号只是元器件的一种符号表示方法，由图形符号和引脚两部分组成。图形部分不具有任何电气特性，对其大小也没有严格规定。引脚部分的电气特性则需要根据实物进行定义。

在用户设计原理图的过程中，经常会遇到一些不常用的元器件，系统库中不存在，这时用户可以建立一个元件库文件，这个元件库文件中存放的就是用户自己设计的元器件。

3.1.1　创建原理图库文件

在 Protel DXP 2004 SP2 中，所有的元器件符号都是存储在元件库中的，所有的有关元器件符号的操作都需要通过元件库来执行，所以在创建元器件前要先创建元器件的原理图库文件。建立原理图库文件的具体步骤如下：

启动 Protel DXP 2004 SP2，执行【文件】→【创建】→【项目】→【PCB 项目】，创建一个 PCB 项目，将其命名为"MyPCB Project. PrjPCB"并保存。

执行菜单【文件】→【创建】→【库】→【原理图库】命令，系统将自动创建一个"Schlib1. SchLib"的文件，将其保存并命名为"MySchlib. SchLib"。这样就进入了原理图元件库编辑器界面，如图 3-1 所示。

3.1.2　元件库编辑器

原理图库文件设计环境与原理图设计环境非常相似，主要由菜单栏、工具栏、工作区和工作面板等部分组成。元件库编辑器如图 3-2 所示。

（1）工作区

工作区被横坐标和纵坐标分为 4 个象限，两个坐标轴的交点就是工作区的坐标原点（0，0），类似于直角坐标系，如图 3-2 所示。一般将坐标轴原点作为元器件的基准点，选择在第四象限绘制元器件图形。

（2）绘图工具

在"放置"菜单和实用工具栏中，系统提供了一些绘图工具和 IEEE 符号，它们是绘制原理图库文件的主要工具，其中 IEEE 符号是原理图库文件设计环境所特有的，如图 3-3

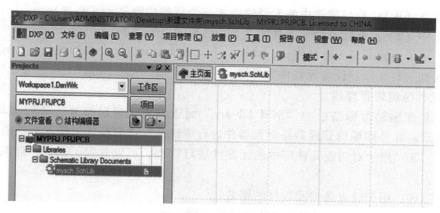

图 3-1　创建原理图库

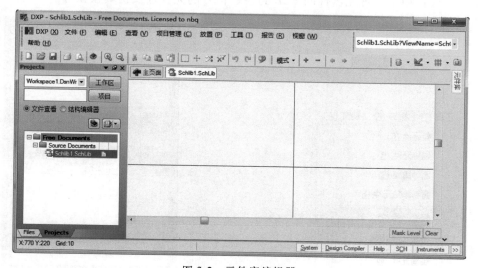

图 3-2　元件库编辑器

所示。

（3）"工具"菜单

用鼠标单击主菜单栏"工具"，系统弹出"工具"子菜单，如图 3-4 所示，该菜单可以对元件库进行管理，常用命令的功能如下：

新元件（C）：在编辑的元件库中建立新元器件。

删除元件（R）：删除在元件库管理器中选中的元器件。

删除重复（S）...：删除元件库中的同名元器件。

重新命名元件（E）...：修改选中元件的名称。

复制元件（Y）...：将元器件复制到当前元件库中。

移动元件（M）...：将选中的元器件移动到目标元件库中。

图 3-3　绘图工具和 IEEE 符号

创建元件（W）：给当前选中的元器件增加一个新的功能单元（部件）。

删除元件（T）：删除当前元器件的某个功能单元（部件）。

模式：用于增减新的元器件模式，即在一个元器件中可以定义多种元器件符号供选择。

元件属性（I）...：设置元器件的属性。

（4）元件库编辑管理器

单击元件库编辑器标签栏的"SCH Library"面板标签，可以打开元件库编辑管理器，如图3-5所示。元件库编辑管理器是对元器件进行编辑的操作面板，包括四个功能区域。

"元件"区：用于对当前元件库中的元器件进行管理，可以放置、追加、删除和编辑元器件。

"别名"区：用于设置选中元器件的别名。

"Pins"区：用于元器件引脚信息的显示及引脚设置；

"模型"区：用于设置元器件的PCB封装、信号的完整性及仿真模型等。

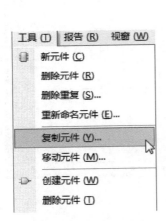

图3-4 "工具"子菜单

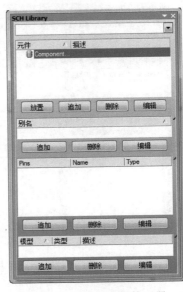

图3-5 元件库编辑管理器

3.1.3 元器件管理

在"元件"区域上方的空白区用于对元器件进行过滤查找，在此处输入要查找元器件的起始字母或者数字，在"元件"区域就会显示相应的元器件。

单击"放置"按钮，可以将在"元件"区域选择的元器件放置到一个处于激活状态的原理图中。如果当前没有激活任何原理图，则系统自动创建新的原理图，并放置元器件到该原理图中。

单击"追加"按钮，可以为"元件"区域添加一个新的元器件。此时弹出如图3-6所示对话框，可以为新添加的元器件

图3-6 添加一个新的元器件

进行命名，然后单击"确认"按钮，则可以将该元器件添加到库文件中。

单击"删除"按钮可以从库文件中删除所选元器件。单击"编辑"按钮，可以对当前所选元器件属性进行编辑。图 3-7 所示为元器件属性设置对话框。

图 3-7　元器件属性设置对话框

3.1.4　设置别名

在"别名"区域单击"追加"按钮，弹出如图 3-8 所示对话框，可以为在"元件"区域选中的元器件添加别名，在该对话框中输入元器件别名，单击"确认"按钮即可。单击"删除"按钮，可以从"别名"区域中删除所选别名。单击"编辑"按钮，可以对当前所选元器件别名进行编辑。

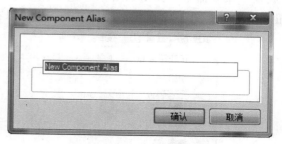

图 3-8　输入元器件别名

3.1.5　引脚管理

元器件引脚是元器件与导线或其他元器件之间相互连接的地方，具有电气属性。在"Pins"区域单击"追加"按钮，光标会自动跳转到元器件编辑器工作区中，并且显示浮动的引脚，光标呈十字状，如图 3-9 所示，将光标移到合适的位置单击鼠标左键，即可为元器件添加新的引脚。此时，光标仍处于放置引脚的十字状态，允许继续添加引脚。如果不需要添加引脚，可以单击鼠标右键或按 Esc 键退出当前状态。添加完引脚后，在"Pins"区域就会显示刚添加的引脚信息。

单击"删除"按钮，可以从"Pins"区域中删除所选引脚。单击"编辑"按钮，弹出"引脚属性"对话框，如图 3-10 所示，可以对当前所选元器件引脚进行编辑。

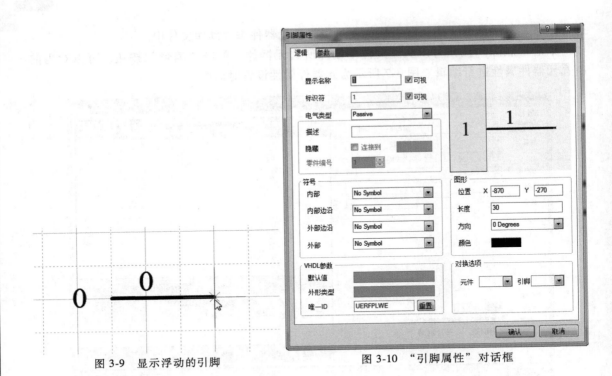

图 3-9 显示浮动的引脚　　　　　　图 3-10 "引脚属性"对话框

3.2 常用绘图工具的使用

Protel DXP 2004 SP2 提供了绘制元器件相应的绘图工具，管理这些绘图工具可以执行"放置"菜单命令，弹出如图 3-11 所示的子菜单。也可以通过单击工具栏上的非电气工具按钮来获得，如图 3-12 所示。除此之外，也可以在原理图编辑窗口单击鼠标右键，通过弹出

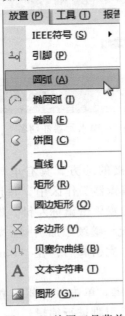

图 3-11 绘图工具菜单

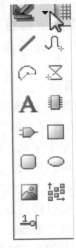

图 3-12 绘图工具按钮

的快捷菜单，启动相应的按钮。

3.2.1 绘制直线

绘制直线不同于绘制导线，只是对原理图进行一般的补充说明，不具有电气属性，因此，它不会影响到电路的电气结构。

绘制直线的操作步骤如下：

1）启动绘制直线命令，在原理图编辑状态，绘制直线命令一般可以通过"放置"命令，或通过绘图工具按钮来实现。

2）绘制直线。打开直线绘制命令后，移动光标到原理图编辑界面，光标变成十字状，移动光标到适当区域，单击确定直线的起点。再次移动光标在适当的位置，确定直线的终点，如图3-13所示。

3）单击鼠标右键结束当前直线段的绘制。如果要继续绘制直线，重复以上操作即可。如果要绘制折线，则应在每一个拐点处单击一次鼠标左键，如图3-14所示。

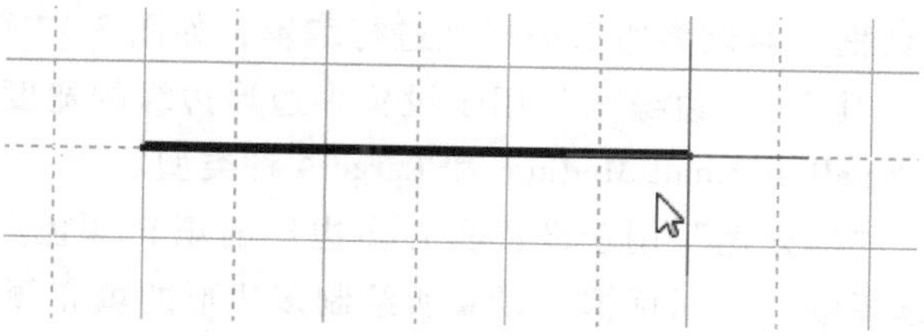

图 3-13　绘制直线

4）设置直线属性。可以通过执行直线命令后，单击 Tab 键，或者执行菜单【编辑】→【变更】菜单命令，单击选择需要编辑属性的直线，或者直接双击直线，弹出"折线"属性对话框，对该直线的属性进行编辑，如图3-15所示。

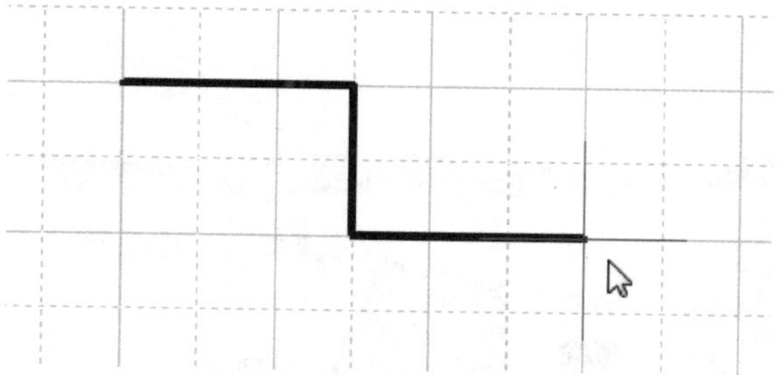

其中，"线宽"用于设置绘制直线的宽度，单击右边的下拉菜单，可以选择的线宽有 Smallest、Small、Medium 和 Large 4 种类型。

图 3-14　绘制折线

"线风格"用于设置绘制直线的线型。把光标移动到风格类型上，单击右边的下拉菜单，可以选择的线型有 Solid、Dashed 和 Dotted 3 种类型。

"颜色"用于设置直线的颜色。单击右边的颜色框，弹出"选择颜色"对话框，设置绘制直线的颜色。设置颜色时，尽量避免所设置的直线颜色和导线颜色相同，以利于区分和便于阅读。

3.2.2 绘制多边形

使用 Protel DXP 2004 SP2 提供的绘制多边形工具，可以绘制出任意形状的多边形。

1）启动多边形命令，在原理图编辑状态，绘制多边形命令可以通过"放置"命令，或通过绘图工具按钮来实现。

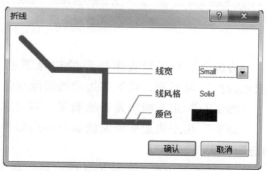

图 3-15　"折线"属性对话框

2）启动多边形命令后，移动光标到原理图编辑界面，光标变成十字状，移动光标到适当区域，单击确定多边形的起点。再移动光标到适当位置，确定另一个顶点位置。重复以上操作，依次确定多边形的其他顶点位置。

3）完成后单击鼠标右键，绘制的多边形自动闭合，结束当前绘制。如果要继续绘制下一个多边形，只要重复上述操作即可。

4）设置多边形属性。可以通过执行多边形命令后，单击 Tab 键，或者执行菜单【编辑】→【变更】菜单命令，单击选择需要编辑属性的多边形，或者直接双击多边形，弹出"多边形"属性对话框，对该多边形的属性进行编辑，如图 3-17 所示。

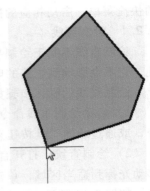

图 3-16　绘制多边形

其中，"边缘宽"用于设置多边形边缘的宽度，单击右边的下拉菜单，可以选择的线宽有 Smallest Small Medium 和 Large 4 种类型。

"填充色"用于设置实心多边形的填充颜色。单击右边的颜色框，弹出如图 3-18 所示"选择颜色"对话框，设置所绘制多边形的填充颜色。

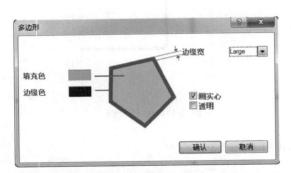

图 3-17　"多边形"属性对话框

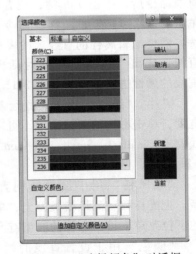

图 3-18　"选择颜色"对话框

"边缘色"用于设置多边形的边缘颜色，单击右边的颜色框，弹出如图 3-18 所示的"颜色选择"对话框，设置多边形的边缘颜色。

"画实心"用于确定是否绘制实心多边形，勾选前面的复选框，即可实现实心多边形。

"透明"用于确定所绘制的实心多边形是否透明，勾选前面的复选框，即可实现多边形的透明设置。

当绘制的多边形不符合要求时，可以单击选中所绘制的多边形，多边形的多个顶点会变成小的矩形捕捉点，移动光标到捕捉点上，光标变成双箭头，此时选中一个顶点进行拖动，即可调整多边形的形状。

3.2.3 绘制圆弧和椭圆弧

（1）绘制圆弧

1）启动绘制工具，在原理图编辑状态，绘制圆弧命令可以通过"放置"命令，或通过绘图工具按钮来实现。

2）启动绘制圆弧线命令后，移动光标到原理图编辑界面，光标变成十字形，确定圆弧线的中心点，如图 3-19a 所示。

3）此时光标自动移动到圆周上，移动光标可以调整圆弧线的半径大小；在合适的位置单击鼠标左键，确定圆弧的半径如图 3-19b 所示。

4）此时光标自动移到圆弧的起点处，选择圆弧线起始位置，单击确定圆弧线起始点；接着光标又会自动跳至终止处，选择圆弧线终止位置，单击确定圆弧线终止位置，完成圆弧线的绘制，绘制过程如图 3-19c、图 3-19d 所示。下一次圆弧线的绘制是以上一次的设置为默认值。

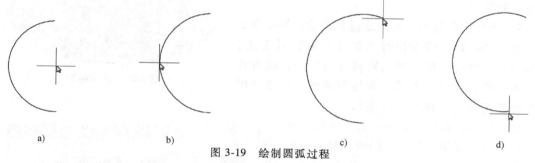

a)   b)   c)   d)

图 3-19　绘制圆弧过程

a）确定圆弧线的中心点　b）确定圆弧线的半径　c）确定圆弧线的起始点　d）确定圆弧线终止位置

5）设置圆弧属性。可以通过执行绘制圆弧命令后，单击 Tab 键，或者执行菜单【编辑】→【变更】菜单命令，单击选择需要编辑属性的圆弧，或者直接双击圆弧，弹出"圆弧"属性对话框，对该圆弧的属性进行编辑，如图 3-20 所示。

"线宽"用于设置所绘制圆弧的线宽，单击右边的下拉菜单，可以选择的线宽有 Smallest、Small、Medium 和 Large 4 种类型。

"颜色"用来设置圆弧线的颜色，单击右边的颜色框，弹出"选择颜色"对话框，可以设置所绘制圆弧的颜色。

分别修改对话框中"位置"区域圆心位置坐标 X、Y，起始角、结束角，可以分别调整圆弧的对应属性。

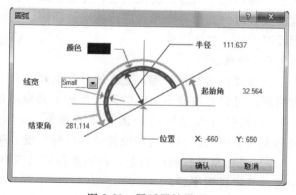

图 3-20　圆弧属性设置

6）当绘制圆弧不符合要求时，可以单击选中所绘制的圆弧，圆弧出现了 4 个小的矩形捕捉点，分别对应其 X、Y 半径，起始角和结束角。移动光标到这些捕捉点上，光标变成双箭头，此时选择一个顶点进行拖动，圆弧形状可以随之发生改变。

（2）绘制椭圆弧

椭圆弧的绘制过程和圆弧类似，即首先确定椭圆弧的中心，然后确定椭圆弧的横轴半径和纵轴半径，最后确定椭圆弧的起点和终点。椭圆弧的属性设置与圆弧类似。

3.2.4 绘制椭圆

绘制椭圆的方法如下：

1）选择【放置】→【椭圆】命令菜单，或者单击实用工具栏中的"放置椭圆"按钮，光标变为十字状，在合适的位置单击鼠标左键，确定椭圆的中心。

2）左右移动光标，在适当的位置单击鼠标左键，确定椭圆横轴半径；上下移动光标，在合适的位置单击鼠标左键，确定椭圆的纵轴半径，自此，一个椭圆就绘制好了，如图3-21所示。

此时，系统仍处于绘制椭圆状态，可以继续绘制其他椭圆，也可以单击鼠标右键或者按 Esc 键，退出绘制状态。

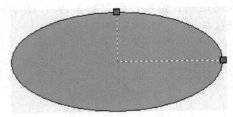

3）设置椭圆属性，可以通过执行绘制椭圆命令后，单击 Tab 键，或者执行菜单【编辑】→【变更】菜单命令，单击选择需要编辑属性的椭圆，或者直接双击椭圆，弹出"椭圆"属性对话框，对该椭圆的属性进行编辑，如图3-22所示。

图 3-21　绘制椭圆

此对话框可以编辑椭圆的边框宽度、颜色、填充色、横轴半径、纵轴半径和中心位置等属性。

4）当绘制椭圆不符合要求时，可以单击选中所绘制的椭圆，圆弧出现了两个小的矩形捕捉点，分别对应其 X 半径、Y 半径大小。移动光标到这些捕捉点上，光标变成双箭头，此时选择一个顶点进行拖动，椭圆形状可以随之发生改变。

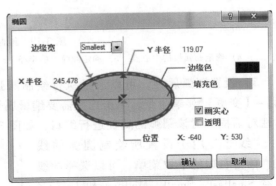

3.2.5 绘制饼图

图 3-22　"椭圆"属性对话框

饼图又称扇形统计图，它在统计学上经常用到，可以看作是不完整的圆（实际上是扇形区域），饼图的绘制方法如下：

1）选择【放置】→【饼图】命令菜单，或者单击实用工具栏中的"放置饼图"按钮，光标变为十字状，在合适的位置单击鼠标左键，确定饼图的中心。

2）光标自动移到圆周上，移动光标可以调整饼图的半径大小，待大小合适时单击鼠标左键，确定饼图半径。

3）光标自动移到饼图开口的起点处，移到光标可以调整饼图开口的起点位置，在合适的位置单击鼠标左键，确定饼图开口的起点。

4）此时，光标自动移到饼图的终点处，移动光标可以调整饼图开口终点的位置，在合适位置单击鼠标左键，确定饼图开口的终点，如图3-23所示，自此完成饼图的绘制。

此时，系统仍处于绘制饼图状态，可以继续绘制其他饼图，也可以单击鼠标右键或者按

Esc 键，退出绘制状态。

5）设置饼图属性，可以通过执行绘制饼图命令后，单击 Tab 键，或者执行菜单【编辑】→【变更】菜单命令，单击选择需要编辑属性的饼图，或者直接双击椭圆，弹出"饼图"属性对话框，对该饼图的属性进行编辑，如图 3-24 所示。

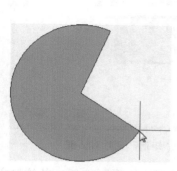

图 3-23 绘制饼图

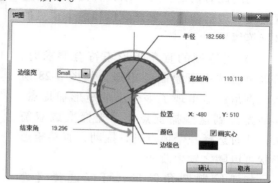

图 3-24 "饼图"属性对话框

通过该对话框可以设置饼图的边缘色、边缘宽、起始角、结束角、位置、填充色、是否实心等属性。

6）当绘制饼图不符合要求时，可以单击选中所绘制的饼图，如图 3-25 所示，圆弧出现了三个小的矩形捕捉点，分别对应其半径、起始角和结束角。移动光标到这些捕捉点上，光标变成双箭头，此时选择一个顶点进行拖动，饼图形状可以随之发生改变。

3.2.6 绘制矩形

使用系统提供的绘制矩形工具，可以绘制出直角矩形和圆角矩形。

1）选择【放置】→【矩形】命令菜单，或者单击实用工具栏中的"放置矩形"按钮，光标变为十字状。

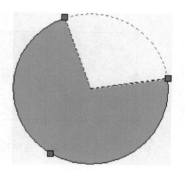

图 3-25 选中饼图

2）移动光标到适当的区域，单击确定矩形的第一个顶点。移动光标到适当位置，单击确定矩形的另一个顶点。自此，一个直角矩形就绘制好了，如图 3-26 所示。

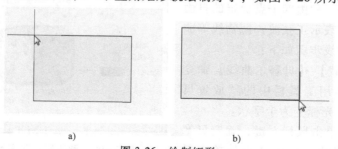

a)   b)

图 3-26 绘制矩形

a）确定矩形的第一个顶点 b）确定矩形的另一个顶点

此时系统仍处于绘制矩形的状态，可以继续绘制其他直角矩形，也可以单击鼠标右键或者按 Esc 键，退出绘制状态。

3）设置矩形属性，可以通过执行绘制矩形命令后，单击 Tab 键，或者执行菜单【编辑】→【变更】菜单命令，单击选择需要编辑属性的矩形，或者直接双击矩形，弹出"矩形"属性对话框，对该矩形的属性进行编辑，如图 3-27 所示。

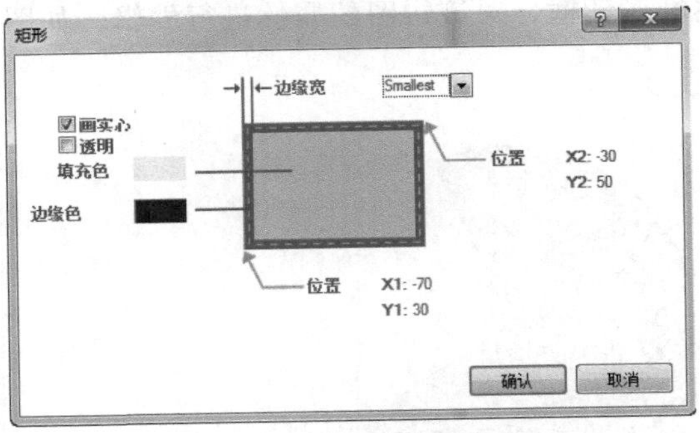

利用此对话框，可以编辑直接矩形的边框宽度、边框颜色、填充颜色和两个顶点的坐标等属性。

4）当绘制的直角矩形不符合要求时，可以单击选中所绘制的矩形，如图 3-28 所示，直角矩形出现了多个小的矩形捕捉点。移动光标到这些捕捉点上，光标变成双箭头，此时选择一个顶点进行拖动，直接矩形形状可以随之发生改变。

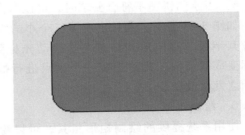

图 3-27 "矩形"属性对话框

如要绘制圆角矩形，可以选择【放置】→【圆边矩形】菜单命令，或者单击实用工具栏中的"放置圆边矩形"按钮，其绘制方法与绘制直角矩形方法类似。绘制的圆角矩形如图 3-29 所示。

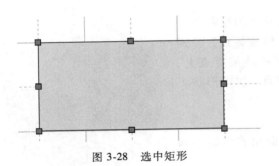

图 3-28 选中矩形

图 3-29 绘制的圆角矩形

"圆边矩形"属性设置对话框如图 3-30 所示，与直角矩形不同的是 X、Y 半径，用来设置圆边矩形在圆角处的 X、Y 半径。

3.2.7 绘制贝塞尔曲线

贝塞尔曲线是一种由四个点确定的自由曲线，常用它近似表示正弦波、抛物线等曲线。绘制贝塞尔曲线步骤如下：

1）选择【放置】→【贝塞尔曲线】命令菜单，或者单击实用工具栏中的"放置贝塞尔曲线"按钮，光标变为十字状。

2）在 A 点处单击鼠标左键，确定贝塞尔曲线的起点，移动光标在 B 点处单击鼠标左键，确定贝塞尔曲线的第二个点，如图 3-31 所示。

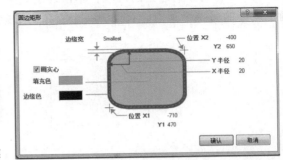

图 3-30 "圆边矩形"属性设置对话框

3）继续移动光标，在 C 点处单击鼠标左键，确定贝塞尔曲线的第三个点，再次移动光标，在 D 点处单击鼠标左键，确定贝塞尔曲线的终点，如图 3-32 所示。

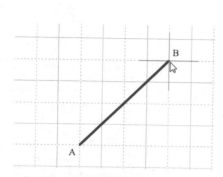

图 3-31　确定贝塞尔曲线的两个点

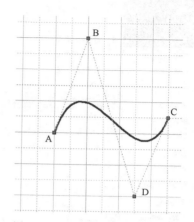

图 3-32　确定贝塞尔曲线的终点

4）单击鼠标右键或者按 Esc 键，结束当前贝塞尔曲线的绘制（如果继续单击鼠标左键，将以当前贝塞尔曲线的终点为起点绘制下一条贝塞尔曲线）。

双击贝塞尔曲线的起点或终点，可以打开"贝塞尔曲线"对话框，利用此对话框可以修改贝塞尔曲线的线宽和颜色，如图 3-33 所示。

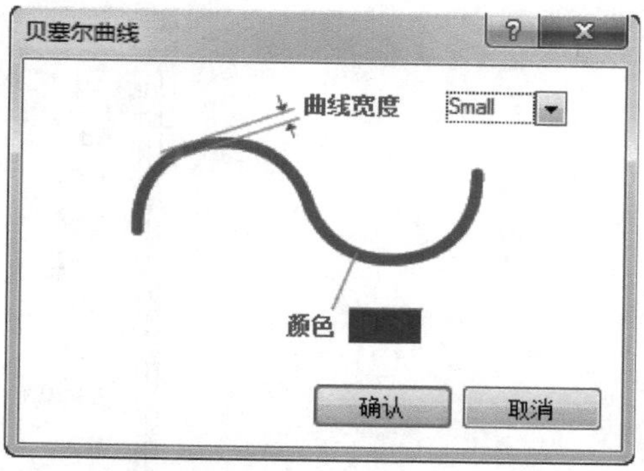

当绘制的贝塞尔曲线不符合要求时，单击选中贝塞尔曲线，单击其起点或终点，可以看到四个绿色矩形捕捉点，拖动这些捕捉点可以调整贝塞尔曲线的形状。

3.2.8　放置 IEEE 符号

IEEE 符号是一些符合 IEEE 标准的图形符号，常用于表示元器件的输入/输出特性。单击实用工具栏中的 ⬚ 按钮，可以看到所有的 IEEE 符号，如图 3-34 所示。

图 3-33　"贝塞尔曲线"对话框

对于实用工具栏中的每个 IEEE 符号，在原理图库文件设计环境下选择【放置】→【IEEE 符号】下拉菜单中都有含相应说明的菜单命令，如图 3-35 所示。

IEEE 符号的放置方法非常简单。从图 3-35 中选择一种 IEEE 电气符号，然后在工作区的合适位置单击，即可完成放置，继续单击，可以放置多个，如图 3-36 所示。如要结束放置，可以单击鼠标右键或者按 Esc 键。

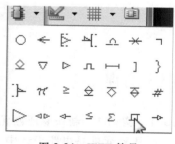

图 3-34　IEEE 符号

在放置 IEEE 符号时，按 Tab 键，或者双击放置好的 IEEE 符号，可以打开"IEEE 符号"对话框，如图 3-37 所示。利用此对话框可以编辑 IEEE 符号的类型、坐标、尺寸、方向、线宽和颜色等属性。

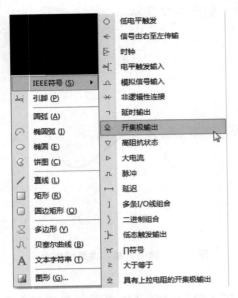

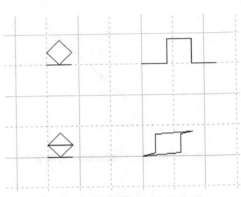

图 3-35　IEEE 符号的菜单命令　　　　　　　图 3-36　放置 IEEE 符号

图 3-37　"IEEE 符号"对话框

3.3　实训

3.3.1　实训 1　制作变压器元件

变压器元件是电路设计中常用的元件之一，它的形式有许多种，但基本结构大同小异，现在我们就通过完成一个变压器元件的设计，来熟悉变压器类元件图的制作过程。

1. 实训要求

本实训要求完成如图 3-38 所示变压器元件原理图的绘制，并将此元件命名为"Trans"。

2. 分析

本实训要求制作的变压器元件图由圆弧、直线和引脚组成，绘制此元件的方法是先绘制出一个半圆，复制并排列出一次、二次线圈的模型，然后绘制出中间直线和线圈引线，最后添加4个变压器引脚即可完成该元件的绘制。

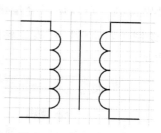

图 3-38　变压器元器件

3. 操作步骤

（1）创建原理图库文件

在正式制作变压器元器件之前，首先需要为其创建一个原理图库文件，具体步骤如下：

1）执行【文件】→【创建】→【库】→【原理图库】菜单，创建一个原理图库文件。

2）单击标准工具栏中的"保存当前文件"按钮，弹出保存对话框，选择保存路径后，在文件名编辑框中输入"变压器.SchLib"，然后单击"保存"按钮。

3）在库文件中添加一个新元器件。首先打开"变压器.SchLib"，然后单击标签栏的"SCH Library"面板标签，打开原理图库文件面板。在库文件面板的元件栏中，单击"追加"按钮，弹出"新元件"对话框，在编辑框中输入"Trans"，然后单击"确认"按钮，如图3-39所示。

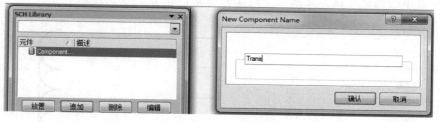

图 3-39　添加新元器件

4）选择【工具】→【文档选项】菜单，打开"库编辑器工作区"对话框，将捕获网格和可视网格的数值均设置为"50mil"，然后单击"确认"按钮，如图3-40所示。

（2）绘制变压器元件外形

1）绘制半圆弧。由于变压器线圈图形主要由半圆弧组成的，所以首先绘制半圆弧。选择【放置】→【圆弧】命令，开始绘制半圆弧。想要画一个标准半圆弧比较困难，可先绘制一段圆弧，再双击已绘制圆弧，弹出"圆弧"对话框，如图3-41所示，在该对话框中将半圆弧的起始角设置为270°，将终止角设置为90°，单击"确认"按钮，退出对话框，设置后的圆弧变成一个标准的右半圆弧，如图3-42所示。

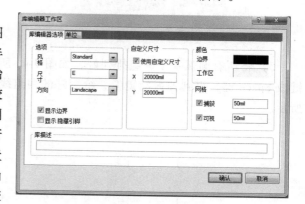

图 3-40　设置网格参数

2）复制半圆弧。变压器的左右线圈由8个半圆弧组成，所以还需要7个类似的半圆弧，选中已经绘制的半圆弧并复制，进行

第3章　原理图库元件制作

59

粘贴队列，可以使用【编辑】→【粘贴队列】菜单命令或者在元器件绘制工具栏中选择【绘图工具 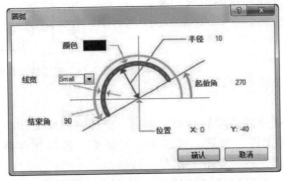】→【设定粘贴队列 】选项。弹出"设定粘贴队列"对话框，如图3-43所示。

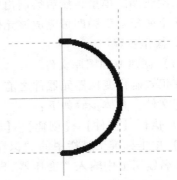

图 3-41　设置"圆弧"对话框　　　　图 3-42　设置后的半圆弧

在弹出的"设定粘贴队列"对话框中设置"放置变量"和"间距"等参数，这里主要设置"项目数"为7，即复制7个目标对象，设置完成后单击"确认"按钮。返回工作区，在适当的位置单击鼠标左键，完成7个圆弧的放置，如图3-44所示。

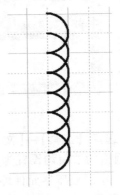

图 3-43　"设定粘贴队列"对话框　　　　图 3-44　完成7个圆弧

3）将所有圆弧4个一组排列好，如图3-45所示。选中对应右侧线圈的一组圆弧，按X键或Space键，得到圆弧的镜像，绘制好的两组线圈即为变压器一次、二次线圈，如图3-46所示。

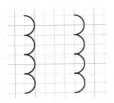
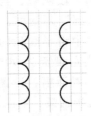

图 3-45　圆弧4个一组排列好　　　　图 3-46　变压器一次、二次线圈

4）绘制一次、二次线圈中间的铁心，在元器件绘制工具栏中选择【绘图工具】→【放置直线】选项。光标变成十字形后，在一次、二次绕组中间适当位置绘制一条直线。双击绘制好的直线，打开"折线"对话框，在该对话框中将直线的宽度设置为 Medium，如图 3-47 所示。放置直线后的变压器一次、二次绕组如图 3-48 所示。

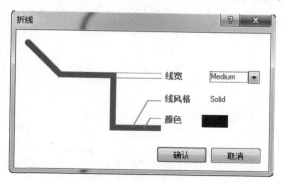

图 3-47 "折线"对话框

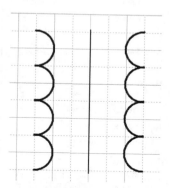

图 3-48 放置直线后的变压器一次、二次绕组

5）按照上述方法，用直线工具在线圈上引出 4 条直线，这样就完成了变压器外形的绘制，如图 3-49 所示。

（3）放置引脚

进行引脚的放置步骤如下：

1）在元器件绘制工具栏中绘图工具 按钮中的放置引脚选项，或执行【放置】→【引脚】菜单命令，在 4 条引线处放置变压器的 4 个引脚，如图 3-50 所示，同样地，放置右侧引脚时需要按 X 键或 Space 键，翻转引脚。

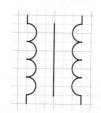

图 3-49 绘制的变压器外形

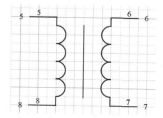

图 3-50 放置变压器的引脚

2）放置引脚后，双击引脚，打开"引脚属性"对话框，如图 3-51 所示。在该对话框中取消选中"显示名称"和"标识符"文本框后的"可视"复选框，表示隐藏引脚名和标号，设置完成后的变压器如图 3-52 所示，自此完成变压器的绘制。

（4）设置库元件属性

元器件绘制好以后要设置属性，在库元件编辑器面板上的元器件列表框中选中该元器件，单击"编辑"按钮，弹出库元件属性对话框如图 3-53 所示。

Default Designator（默认序号）用于设置元器件的序号，此处输入"T?"，"注释"用来说明元器件的型号及特征，"库参考"是元器件在 DXP 中的标识符，用于区别不同的元器件原理图符号。其他属性采取默认设置。单击"确认"按钮，完成元件属性设置。

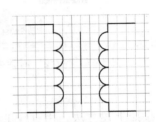

图 3-51 "引脚属性"对话框　　　　图 3-52 绘制完成的变压器

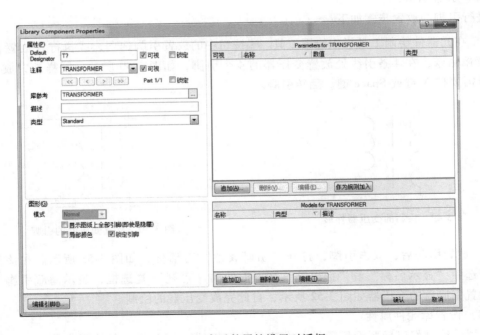

图 3-53 库元件属性设置对话框

　　如果需要在原理图中调用自己制作的库元件，只需要在绘制好的元器件列表中选中，单击"放置"，系统自动切换到项目原理图中放置该元器件。也可以切换到原理图编辑界面，选择元件库工作面板，在元件库列表中添加自制元件库，取用放置元器件即可。

3.3.2 实训 2 制作七段数码管元件

1. 实训要求

通过修改系统集成库"Miscellaneous Devices. IntLib"中的七段数码管元件"Dpy Red-CA",创建一个新的七段数码管元件,如图 3-54 所示。

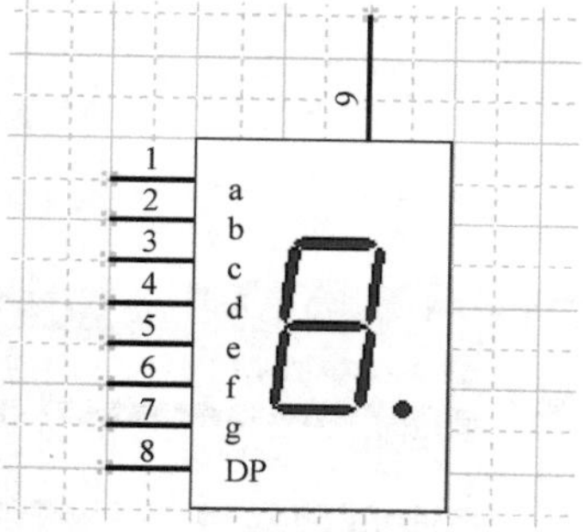

2. 分析

如果用户现有的元件库中含有与所需元器件功能相近的元器件,则可以将此元器件复制到自己的库文件中,然后通过简单的编辑和修改,来创建新元器件。这种方法不仅可以充分利用现有资源,还可以节省时间,提高设计效率。

图 3-54 七段数码管元件

3. 操作步骤

通过修改系统集成库 Miscellaneous Devices. IntLib 中的七段数码管元件 Dpy Red-CA,创建一个新的七段数码管元件,具体步骤如下:

1)新建一个原理图库文件"七段数码管 .SchLib",并保持打开状态。

2)选择【文件】→【打开】菜单,弹出"打开"对话框,在 Protel DXP 2004 安装目录下的 Library 文件夹中找到并选中集成文件库 Miscellaneous Devices. IntLib,然后单击"打开"按钮,如图 3-55 所示。系统弹出"抽取源码或安装"对话框,如图 3-56 所示。单击"抽取源"按钮,此时在工作区面板中就添加了打开的元件库文件,如图 3-57 所示。双击此原理图库文件将其打开。

图 3-55 打开已有库文件

3)单击 SCH Library 面板标签,打开库文件面板,在元件栏中找到并选中库文件 Dpy Red-CA,如图 3-58 所示。

4)选择【工具】→【复制元件】菜单,弹出"目标库文件"对话框,单击选中"七段数码管 .SchLib"库文件窗口,可以看到刚才选中的元件已经被复制到"七段数码管 .SchLib"库文件中了,如图 3-59 所示。在库文件栏中选中系统默认添加的空元件"Component_ 1",然后单击"删除"按钮,将其从当前库文件中删除,结果如图 3-60 所示。

5)修改复制过来的库文件,首先单击【编辑】→【删除】命令,将原有的引脚"1"和"6"删除,然后参照图 3-61 重新设置其他引脚的属性。

 第 3 章 原理图库元件制作

63

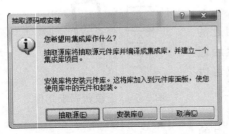

图 3-56 "抽取源码或安装"对话框

图 3-57 打开的元件库文件

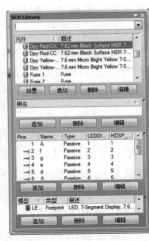

图 3-58 打开库文件面板

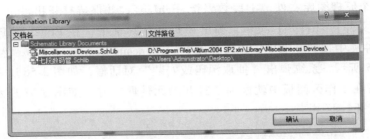

图 3-59 "七段数码管 .SchLib"库文件

图 3-60 Component_ 1 删除后的结果

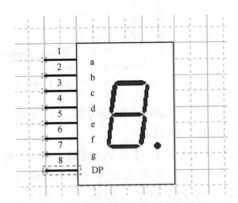

图 3-61 删除多余引脚并重新设置属性

6）然后单击【放置】→【引脚】命令为库元件添加一个新的引脚"9"，在光标处于放置引脚状态时，按 Tab 键弹出"引脚属性"对话框，设置引脚的名称、标识符和方向，如图

3-62 所示。

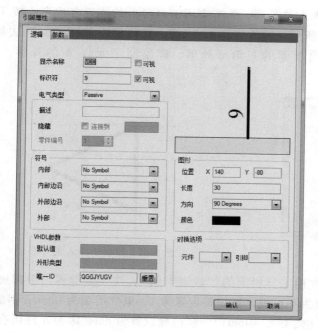

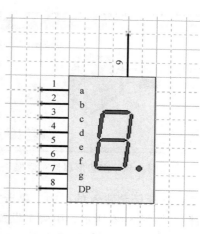

图 3-62　添加引脚 9 并设置引脚属性

7）在库文件面板的元件栏中，双击 Dpy Red-CA，打开 "库元件属性" 对话框，在 "注释" 栏中输入 "Red-CA"，在 "库参考" 编辑框中输入 "7-Segment Display"，将模型栏中的所有模型删除，然后单击标准工具栏中的 "保存当前文件" 按钮，对库文件 "七段数码管 . SchLib" 进行保存。自此一个新的七段数码管元件就制作完成了。

3.3.3　实训 3　制作 74LS04 六反相器元件

1. 实训要求

制作一个六反相器 74LS04 元件，内部结构及引脚排列如图 3-63 所示，它内部由六个相互独立的功能单元组成，每个功能单元都含有一个输入端和一个输出端。

2. 分析

对于这类由多个相互独立功能单元组成的元器件，我们经常将每一个功能单元作为一个子元器件进行处理。因此，我们可以将此元件分为六个子元器件进行制作。

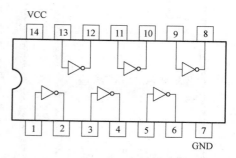

图 3-63　元件 74LS04 内部结构及引脚排列

3. 操作步骤

下面通过具体的操作步骤来学习这个元器件的绘制。

1）新建一个原理图库文件 "mysch. SchLib"，然后在此库文件中添加一个新元件

"74LS04",并将系统默认添加的元件"Component_ 1"删除。

2)在工作区绘制第一部分子元件 A 的外形,单击实用工具栏上的放置多边形,按 Tab 键弹出多边形属性对话框,如图 3-64 所示,边缘宽选择 Small,将画实心前面"√"去掉,单击鼠标左键确定三个顶点,绘制出下面的三角形外形,即绘制子元件 A 的外形,如图 3-65 所示。

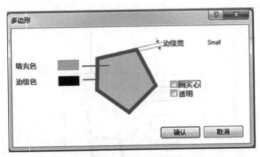

图 3-64   多边形属性对话框

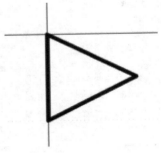

图 3-65   绘制子件 A 的外形

3)绘制子元件 A 的引脚。单击实用工具栏上的"放置引脚",按 Tab 键弹出引脚属性对话框,如图 3-66 所示,引脚 1 设置为不可视,标识符设置为 1,电气类型为 input;引脚 2 设置为不可视,标识符设置为 2,电气类型为 output;外部边缘设置为 dot。因为元件还有电源引脚,所以还需要放置两个电源引脚:14 引脚名称为 VCC,标识符为 14,电气类型为 Power;7 引脚名称为 GND,标识符为 7,电气类型为 Power。绘制子元件 A 的引脚如图 3-67 所示。

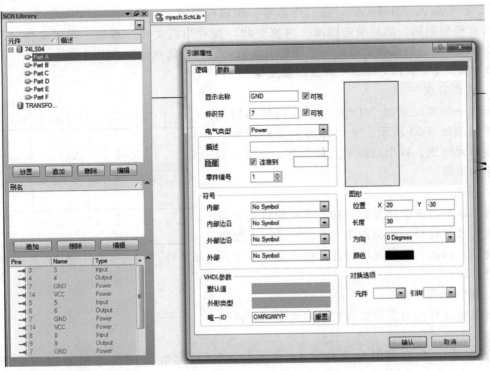

图 3-66   引脚属性设置

4）绘制其他子元件。选择【工具】→【创建元件】命令，系统会再次自动打开一个工作区，同时在 SCH Library 工作面板中可以看到元件 74LS04 有了两个子元件了，即 Part A 和 Part B，如图 3-68 所示。

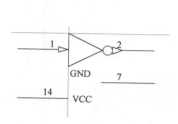

图 3-67   绘制子元件 A 的引脚

图 3-68   74LS04 有了两个子元件

Part B 和 Part A 的区别只有元件引脚的编号不同，所以只需要将 Part A 选中后复制，在 Part B 中粘贴，然后改变元件引脚编号即可。具体按如下操作进行：

切换到 Part A：单击 SCH Library 面板中的 Part A，切换到 Part A 中。选中 Part A 全部，然后执行【编辑】→【复制】。

切换到 Part B：单击 SCH Library 面板中的 Part B，执行【编辑】→【粘贴】，将 Part A 选中部分粘贴过来。将 Part B 中各引脚的标识符按照图 3-69 所示子元件 B 进行修改。

按照上述方法，完成 Part C、Part D、Part E、Part F 的绘制，如图 3-69 所示。

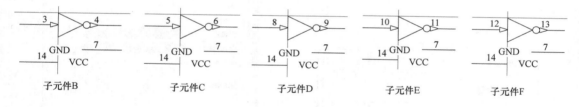

子元件B   子元件C   子元件D   子元件E   子元件F

图 3-69   绘制子元件 B、C、D、E、F

5）隐藏引脚的设置。在元件 74LS04 中，电源引脚 7 和 14 是隐藏的，所以下面将 6 个子元件中的电源引脚 7 和 14，设置为隐藏。

切换到 Part A，双击引脚 7，打开属性对话框，选择"隐藏"后的复选框。然后双击引脚 14，打开属性对话框，选择"隐藏"后的复选框。就可以将两个引脚设置为隐藏了。

分别切换到 Part B、Part C、Part D、Part E、Part F，采用同样的方法，将引脚 7 和 14 隐藏。

6）74LS04 元件属性的设置

双击"SCH Library"面板上的元件 74LS04 或者单击"编辑"按钮，打开库元件属性设置对话框。将元件的"Default"设置为"U?"，将"注释"设置为 74LS04，如图 3-70 所示。

单击右下角的"追加"按钮，打开如图 3-71 所示的对话框，选择 Footprint，然后单击"确认"按钮，弹出如图 3-72 所示的追加 PCB 封装对话框，将名称设置为 DIP14，表示将元

第 3 章　原理图库元件制作

件的封装设置为 DIP14。

至此，包含 6 个子元件的 74LS04 就绘制完成了。

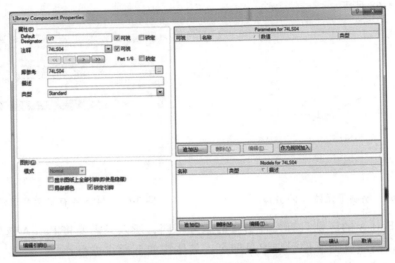

图 3-70　元件 74LS04 属性设置

图 3-71　追加对话框

图 3-72　追加 PCB 封装对话框

4. 元件报表与错误检查

创建好原理图库文件以后，可以根据需要生成元件报表或元件库报表，用以查询某个元器件或某个元件库中所有元器件的信息，还可以对元器件进行错误检查。

（1）元件报表

在元件编辑管理器面板中选择一个元件，然后执行菜单命令【报告】→【元件】，系统会自动创建当前元器件的报表。例如，在"mysch. SchLib"中选中 74LS04，执行【报告】→【元件】，系统会自动生成 74LS04 的报表文件（.cmp），如图 3-73 所示。

（2）产生元件库报表

元件库报表的功能是罗列当前元件库中的所有元器件的名称。执行菜单【报告】→【元件库】，系统即可产生元件库报表文件（.rep），如图 3-74 所示。

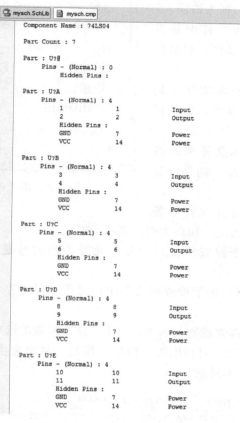

图 3-73　"mysch.cmp" 报表文件

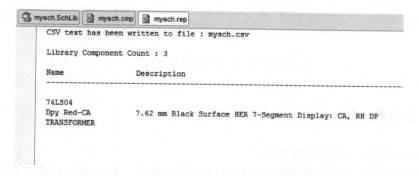

图 3-74　"mysch.rep" 元件库报表文件

（3）生成元件规则检查报表

执行菜单【报告】→【元件规则检查】命令，弹出"库元件规则检查"对话框，如图 3-75 所示。

"库元件规则检查"对话框中各选项的意义和功能如下：

1）元件名：用于检查库文件中是否存在重复的元器件，如果存在，视为错误。

2）引脚：用于检查库文件中各个元器件的引脚序号，如果同一元器件的引脚序号存在重复的情况，视为错误。

3）描述：用于检查库文件中是否存在未添加描述信息的元器件，如果存在视为错误。

4）引脚名：用于检查库文件中是否存在未定义引脚名的元器件，如果存在，则视为错误。

5）封装：用于检查库文件中的各个元器件是否具有封装模型，如果没有视为错误。

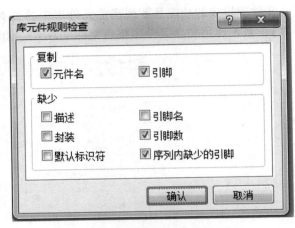

图 3-75　库元件规则检查对话框

6）引脚数：用于检查库文件中各个元器件的引脚序号是否为空，如果为空，则视为错误。

7）默认标识符：用于检查库文件中各个元器件的编号是否为空，如果为空，视为错误。

8）序列内缺少的引脚：用于检查库文件中的元器件是否存在引脚序号不连续的情况，如果存在，视为错误。

用户可以根据需要选择要检查的选项，对于不需要检查的选项，可以忽略。

单击"库元件规则检查"对话框的"确认"按钮，系统会生成该元件库的规则检查报表文件（.ERR），如图 3-76 所示。

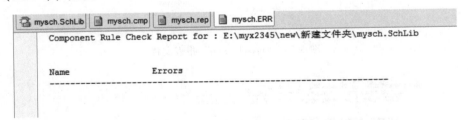

图 3-76　库元件规则检查结果

3.4　思考与练习

1. 简述原理图库元件的创建过程。

2. 在原理图库元件绘制过程中，如何设置元器件参数，如何改变元器件方向？

3. 新建一个 PCB 项目文件，并以"Exercise3＿1.PrjPCB"为文件名保存在路径"E：\Chapter3"中。

4. 在"Exercise3＿1.PrjPCB"项目文件下，新建原理图文件，另存为"Exercise3＿1.SchDoc"；新建原理图库文件，另存为"Exercise3＿1.SchLib"。

5. 在"Exercise3＿1.SchDoc"文件中，绘制如图 3-77 所示电路图，要求：元件PIC16C71I/JW 在"Exercise3＿1.SchLib"中创建并正确调用于"Exercise3＿1.SchDoc"文

件中。

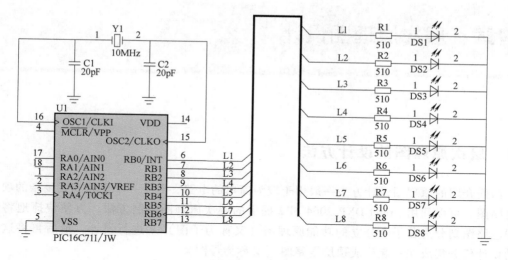

图 3-77 题 5 图

第4章　层次原理图设计

4.1　层次原理图的设计方法

前面介绍的原理图设计方法一般用于较为简单的电路，对于一个比较庞大复杂的项目工程电路图，可以利用 Protel DXP 2004 SP2 提供的层次原理图绘制方法，方便快捷地将项目工程电路图划分为若干个分立的功能原理图（又称为子图）来进行设计，最后再将这些分立的设计任务集成在一起形成顶层电路图（又称为母图）。

这样，在母图中看到的只是一个个的功能模块，可以很容易地从宏观上把握整个电路图的结构。如果想进一步了解某个方块图的具体实现电路，可以直接单击该方块图，深入到底层电路，从微观上进行了解。

简单地说，层次式电路图的设计就是模块化电路图设计。通过它可以使很复杂的电路变成相对简单的几个模块，使电路的结构变得清晰明了。因而能够大大提高设计效率，加快工程进度，同时也使所设计的项目工程具有更好的保密性。

在电路设计过程中，用户可以将要设计的系统工程划分为若干个子系统，而子系统图下面又可划分为多个功能模块，功能模块还可再细分为很多的基本功能模块。设计好基本功能模块，并定义好各模块之间的连接关系，就可完成整个设计过程。因此层次电路原理图设计又被称为"化整为零、聚零为整"的设计方法。

设计时，可以从系统开始，逐级向下进行；也可以从基本模块开始，逐级向上进行；也可以调用相同的电路图重复使用。具体讲有以下 3 种方法。

1. 采用自上而下的层次设计方法

所谓自上而下的设计方法，就是在原理图设计阶段，首先将系统划分成若干个不同功能的子模块，根据各个子模块的逻辑关系，画出层次原理图的母图，然后再由母图中的电路方块图来创建与之相对应的子电路图。

2. 采用自下而上的层次设计方法

所谓自下而上的设计方法，是指首先设计子电路图，而后再根据这些子电路图创建一个顶层电路图，并绘制好与各个子电路图相对应的电路方块图，而后将这些方块图正确连接起来形成母图。

3. 多通道电路设计方法

所谓多通道设计，就是指对于多个完全相同的模块，不必进行重复绘制，只需要绘制一个电路方块图和底层电路。直接设置该模块的重复应用次数即可，系统在进行项目编译时会自动创建正确的网络表。

下面主要介绍前面两种设计方法。

4.1.1 自上而下的层次原理图设计

自上而下的层次原理图设计要求设计者对整个设计有一个全局把握，首先需要绘制出原理图母图，将整个电路设计分成不同的功能模块，对模块与模块间有一个总体的了解。然后，再对各个模块的原理图进行具体设计，最终完成整个系统原理图的设计。其流程图如图 4-1 所示。

4.1.2 自下而上的层次原理图设计

自下而上的层次原理图设计方法是指先绘制层次原理图的各个子图（需要放置输入/输出端口），由子图生成母图中的图纸符号，然后在母图中进行布线，完成母图的绘制。

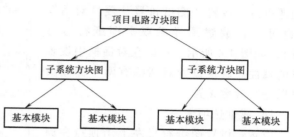

图 4-1 自上而下的层次原理图设计流程图

自下而上的层次原理图设计方法与自上而下的层次原理图设计方法相比，只是设计顺序的不同，其他操作基本类似。其流程图如图 4-2 所示。

4.1.3 层次原理图设计常用工具的使用

层次原理图中，信号的传递主要依靠放置图纸符号、图纸入口和 I/O 端口来实现。下面具体介绍这 3 种常用工具的使用。

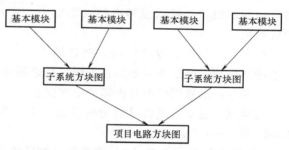

图 4-2 自下而上的层次原理图设计流程图

1. 图纸符号

层次原理图中，图纸符号是自上而下设计方法中首先要用到的单元。用带有若干 I/O 端口的图纸符号可以代表一张完整的电路图。在层次原理图设计中，用图纸符号代替子原理图，也可以将图纸符号看成原理图的封装。

（1）放置图纸符号

1）执行菜单【放置】→【图纸符号】命令，或者单击配线工具栏中放置图纸符号 ▦ 按钮，即可进入放置状态，此时鼠标光标变为十字形并附着一个图纸符号，如图 4-3 所示。

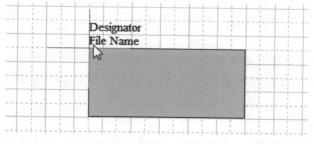

图 4-3 放置图纸符号

2）移动光标到合适的位置，单击鼠标左键，确定图纸符号的一个顶点，移动鼠标到图纸符号对角顶点合适的位置，单击鼠标左键确定图纸符号位置，即可完成图纸符号的放置。

此时仍处于放置图纸符号状态，可继续放置其他图纸符号。如果不需要放置，单击鼠标右键或者按 Esc 键，即可退出放置状态。

（2）设置图纸符号属性

在处于放置图样符号状态时，按 Tab 键即可打开放置"图纸符号"属性对话框（也可以在放置图样后双击图纸符号打开），如图 4-4 所示，可以在对话框中设置它的属性。属性设置对话框有两个标签页可以进行参数设置。

1）属性选项卡。

位置：设置图纸符号左上角顶点在原理图中的位置，用户可以通过键盘输入进行设置。

边缘色：设置图纸符号边框颜色，单击后面的颜色块，可以在弹出的对话框中设置颜色。

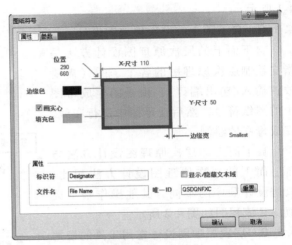

图 4-4 "图纸符号"属性对话框

画实心：选中该复选框后，将以填充色中的颜色填充图纸符号矩形；否则，是透明的。

填充色：设置图纸符号内部的填充颜色。

边缘宽：设置图纸符号的边框线宽，下拉列表有 4 种线宽可以设置，分别为 Smallest、Small、Medium、Large。

"X-尺寸"和"Y-尺寸"：设置图纸符号的宽度和高度。

标识符：设置图纸符号的序号，可以表示该模块的功能。

文件名：设置该图纸符号所代表的子原理图的文件名。

唯一 ID：用于显示系统为当前图纸符号分配的 ID 号，一般采用系统默认设置，无需更改。

2）参数选项卡。单击图 4-4 中的参数标签页，切换到参数选项卡，如图 4-5 所示，在该选项卡中可以为方块电路的图纸符号添加、删除和编辑标注文字。

单击参数选项卡中的"追加（A）"按钮，弹出如图 4-6 所示的参数设置对话框。在该对话框中可以设置标注文字的名称、内容、位置坐标、颜色、字体、方向以及类型等。

2. 图纸入口

图纸入口用在顶层原理图的图纸符号中，可以体现图纸符号对外呈现出来的特性。在层次原理图设计中，如果图纸符号看成是一个元器件封装，那么，图纸入口相当于元器件引脚。

（1）放置图纸入口

1）执行菜单命令【放置】→【加图纸入口】，或者单击工具栏"放置图纸入口"按钮。

2）执行命令后光标变为十字形状，并带着一个图纸入口符号，将光标移至图纸符号

内，则图纸入口自动定位在图纸符号的边界上，移动光标，图纸入口会沿图纸符号边界移动，在需要放置端口的方块图上单击鼠标左键，完成图纸入口放置，如图4-7所示。

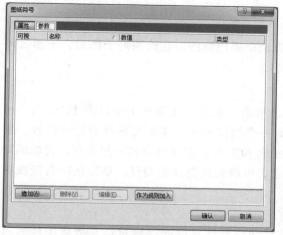

图 4-5　参数选项卡

图 4-6　参数属性设置对话框

（2）设置图纸入口

如果需要修改图纸符号参数，可以进入属性对话框，在命令状态下按 Tab 键，系统弹出"图纸入口"属性对话框，在对话框中输入相应的名称及 I/O 类型，如图4-8所示。

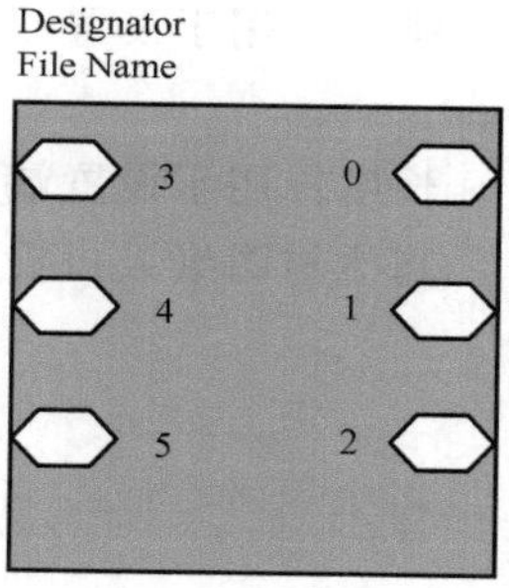

填充色：用于设置图纸入口内部的填充颜色，单击后面的颜色块，可以在弹出的对话框中设置颜色。

文本色：用于设置图纸入口名称文字的颜色，同样，单击后面的颜色块在弹出的对话框中设置颜色。

边：用于设置图纸入口在方块电路中的放置位置。单击后面的下拉按钮，有 4 个选项供选择，分别为：Left、Right、Top、Bottom。

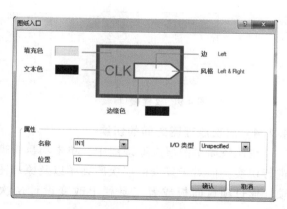

图 4-7　放置图纸入口

风格：用于设置图纸入口的箭头方向。单击后面的下拉按钮，有 8 个选项可供选择分别为：None（Horizontal）、Left、Right、Left&Right、None（Vertical）、Top、Bottom、Top&Bottom。选择时注意要与下面介绍的 I/O 类型相匹配。

边缘色：用于设置图纸入口边框的颜色。

名称：用于设置图纸入口的名称，它与网络标签一样具有电气特性，因此必须与对应的网络一致。

图 4-8　图纸入口属性对话框

I/O 类型：包括输入（Input）、输出（Output）、无方向（Unspecified）和双向（Bidirectional）几种类型。

位置：用于设置图纸入口相对于图纸符号的上边框或左边框的距离。当图纸入口水平放置时，此数值指相对于图纸符号上边框的距离；当图纸入口垂直放置时，此数值指相对于图纸符号左边框的距离。

3. I/O 端口

层次原理图中，I/O 端口是自下而上设计方法中要用到的，在绘制好子图后，子图之间的联系通过它来实现，与图纸入口的作用差不多。

（1）放置 I/O 端口

1）执行菜单【放置】→【端口】命令，或者单击"配线"工具栏中端口 按钮。

2）执行命令后光标变为十字形状，并带着一个端口符号，移动光标到合适的位置，单击鼠标左键，确定端口一侧顶点，拖动鼠标到合适位置单击左键确定另一侧顶点，完成端口放置，如图 4-9 所示。此时仍处于放置端口状态，可继续放置其他端口。单击鼠标右键或者按 Esc 键，即可退出放置状态。

（2）设置端口属性

在放置端口状态时，按 Tab 键即可打开放置端口属性对话框（也可以在放置图样后双击端口打开），如图 4-10 所示。

排列：用于设置端口名称文字所处的位置，有 3 个选项可供选择，分别为 Center、Left、Right。

长度：用于设置端口的长度。

其他与图纸入口设置类似，此处不再赘述。

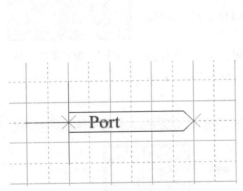

图 4-9　放置端口

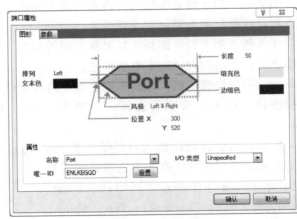

图 4-10　端口属性设置

4.1.4　层次原理图之间的切换

在比较简单的层次原理图中，单击项目管理器中相应的图标，即可以在不同原理图之间进行切换。但对于复杂的层次原理图以及原理图文件很多的情况，使用上述方法就会显得烦琐。通过项目面板或者工具栏上改变设计层次按钮，可以方便地进行层次原理图之间的切换。

（1）从层次原理图母图切换到对应子图的操作过程

在打开的母图中，执行菜单【工具】→【改变设计层次】命令或单击工具栏的改变设计层次按钮，如图 4-11 所示。此时光标变成十字形，将光标移动到原理图母图中的某个电路方块图上，单击鼠标左键，即在主窗口中打开该电路方块图对应的电路原理图子图。

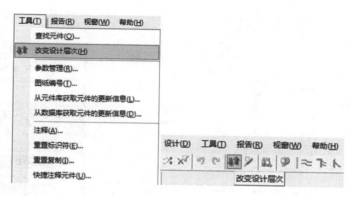

图 4-11　层次原理图切换操作

（2）从电路原理图子图切换到其对应母图的操作过程

将需要查找输入/输出端口的原理图文件处于编辑状态，执行菜单命令【工具】→【改变设计层次】或单击工具栏的改变设计层次按钮，此时光标变成十字形，将光标移动到子原理图中的某个输入/输出端口上。单击鼠标左键，即在主窗口中打开该原理图子图对应的电路原理图母图。

4.2　电气检查与生成报表

4.2.1　电气规则检查

原理图设计的最终目的是 PCB 设计，其正确性是 PCB 设计的前提，原理图设计完成后需要对设计的原理图进行电气检查，找出错误并进行修改。电气检查通过原理图编译实现。对于设计项目文件中的原理图电气检查可以设置电气检查规则，而对独立的原理图电气检查则不能设置电气检查规则，只能直接进行编译。

1. 自由原理图电气检查

所谓电气规则检查，又称为 ERC，是指按照一定的电气规则，检查已经绘制好的电路原理图中是否存在违反电气规则的错误，如电气特性的一致性，电气参数设置是否合理等。电气检查一般以错误（Error）或者警告（Warning）来提示。

对于自由文件的原理图是不能进行电气规则设置的，但仍可以使用默认规则进行电气规则检查。

下面以如图 4-12 所示的电路为例介绍自由原理图电路的电气检查。自由原理图文件标志如图 4-13 所示。

执行菜单【项目管理】→【Compile Document first. SchDoc】命令，系统会自动检查电路并弹出 Messages 对话框，显示违规信息；若没有违规信息，Messages 对话框为空白。本电路图中的违规信息、电气规则检查信息如图 4-14 所示。

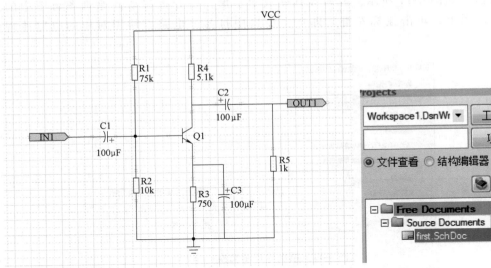

图 4-12 自由原理图电路　　　　　图 4-13 自由原理图文件标志

从信息框中可以看出，有 4 个错误（Error）信息，错误在于 C1、C2 、C3 、R1 的 1 端，没有驱动信号，以上违规信息对于电路仿真影响很大，但是对于 PCB 设计是没有影响的，可以忽略。

Class	Document	Sour...	Message		Time	Date	No.
[Warning]	first.SchDoc	Com...	Off grid Pin -1 at 587.48,440		17:15:40	2017/10...	4
[Warning]	first.SchDoc	Com...	Off grid at 505.118,542.362		17:15:40	2017/10...	5
[Warning]	first.SchDoc	Com...	Off grid Pin -2 at 515.118,572.362		17:15:40	2017/10...	6
[Warning]	first.SchDoc	Com...	Off grid Pin -1 at 515.118,532.362		17:15:40	2017/10...	7
[Warning]	first.SchDoc	Com...	Off grid at 577.48,542.362		17:15:40	2017/10...	8
[Warning]	first.SchDoc	Com...	Off grid Pin -2 at 587.48,572.362		17:15:40	2017/10...	9
[Warning]	first.SchDoc	Com...	Off grid Pin -1 at 587.48,532.362		17:15:40	2017/10...	10
[Warning]	first.SchDoc	Com...	Off grid at 505.118,393.386		17:15:40	2017/10...	11
[Warning]	first.SchDoc	Com...	Off grid Pin -2 at 515.118,423.386		17:15:40	2017/10...	12
[Warning]	first.SchDoc	Com...	Off grid Pin -1 at 515.118,383.386		17:15:40	2017/10...	13
[Warning]	first.SchDoc	Com...	Off grid at 577.48,380.945		17:15:40	2017/10...	14
[Warning]	first.SchDoc	Com...	Off grid Pin -2 at 587.48,410.945		17:15:40	2017/10...	15
[Warning]	first.SchDoc	Com...	Off grid Pin -1 at 587.48,370.945		17:15:40	2017/10...	16
[Warning]	first.SchDoc	Com...	Off grid at 480,460		17:15:40	2017/10...	17
[Warning]	first.SchDoc	Com...	Off grid Pin -1 at 490,470		17:15:40	2017/10...	18
[Warning]	first.SchDoc	Com...	Off grid Pin -2 at 460,470		17:15:40	2017/10...	19
[Warning]	first.SchDoc	Com...	Off grid Pin -1 at 490,470		17:15:40	2017/10...	20
[Warning]	first.SchDoc	Com...	Off grid Pin -2 at 460,470		17:15:40	2017/10...	21
[Warning]	first.SchDoc	Com...	Off grid at 636.85,391.575		17:15:40	2017/10...	22
[Warning]	first.SchDoc	Com...	Off grid Pin -1 at 626.85,401.575		17:15:40	2017/10...	23
[Warning]	first.SchDoc	Com...	Off grid Pin -2 at 626.85,371.575		17:15:40	2017/10...	24
[Warning]	first.SchDoc	Com...	Off grid Pin -1 at 626.85,401.575		17:15:40	2017/10...	25
[Warning]	first.SchDoc	Com...	Off grid Pin -2 at 626.85,371.575		17:15:40	2017/10...	26
[Warning]	first.SchDoc	Com...	Off grid Power Object GND at 587.48,332.205		17:15:40	2017/10...	27
[Error]	first.SchDoc	Com...	Signal PinSignal_C1_1[0] has no driver		17:15:40	2017/10...	28
[Error]	first.SchDoc	Com...	Signal PinSignal_C2_1[0] has no driver		17:15:40	2017/10...	29
[Error]	first.SchDoc	Com...	Signal PinSignal_C3_1[0] has no driver		17:15:40	2017/10...	30
[Error]	first.SchDoc	Com...	Signal PinSignal_R1_1[0] has no driver		17:15:40	2017/10...	31
[Warning]	first.SchDoc	Com...	Net NetC2_2 has no driving source (Pin C2-2,Pin R5-2)		17:15:40	2017/10...	32

图 4-14 电气规则检查信息

2. 项目中原理图电气检查

在对项目文件进行检查之前，需要对项目选项进行一些电气规则检查设置，从而确定检查中编译工具对项目所做的具体工作。

（1）设置检查规则

执行菜单命令【项目管理】→【项目管理选项】，系统弹出"Options for PCB Project...（PCB 项目的选项）"对话框，在对话框中包括以下 10 个选项卡。

1）Error Reporting（错误报告）选项卡：用于设置原理图的电气检查规则。当进行文件编译时，系统将根据该选项卡中设置的电气规则进行检查。

2）Connection Matrix（连接矩阵）选项卡：用于设置电路连接方面的检测规则。当进行文件编译时，根据该选项卡设置的规则对原理图中的电路连接进行检测。

3）Class Generation（自动生成分类）选项卡：用于设置自动生成分类。

4）Comparator（比较器）选项卡：当两个文件进行比较时，系统将根据此选项卡中的设置进行检查。

5）ECO Generation（工程变更顺序）选项卡：根据比较器产生结果的不同，对该选项卡进行设置，用来决定是否导入改变后的信息，大多用于原理图与 PCB 间的同步更新。

6）Options（项目选项）选项卡：在该选项卡中可以对文件输出、网络表和网络标签等相关选项进行设置。

7）Multi-Channel（多通道）选项卡：用于设置多通道设置。

8）Default Prints（默认打印输出）选项卡：用于设置默认的打印输出对象（如网络表、仿真文件、原理图文件以及各种报表文件等）。

9）Search Paths（搜索路径）选项卡：用于设置搜索路径。

10）Parameters（参数设置）选项卡：用于设置项目文件参数。

在该对话框的各选项卡中，与原理图检测有关的主要有 Error Reporting（错误报告）选项卡、Connection Matrix（连接矩阵）选项卡和 Comparator（比较器）选项卡。当对文件进行编译操作时，系统会根据该对话框中的设置进行原理图的检测，系统检测出的错误信息将在 Messages（信息）面板中列出。

单击 Error Reporting 选项卡，如图 4-15 所示，可以报告的错误项主要有以下几类：

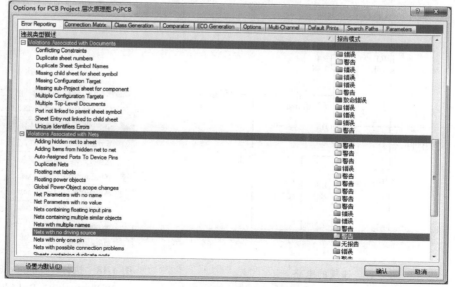

图 4-15　电气规则检查设置

Violations Associated with Buses：与总线相关的规则。

Violations Associated with Components：与元件相关的规则。

Violations Associated with Documents：与文档相关的规则。

Violations Associated with Nets：与网络相关的规则。

Violations Associated with Others：与其他相关的规则。

Violations Associated with Parameters：与参数相关的规则。

每项都有多个子项目，即具体的检查规则，在该子项目右侧设置违反该规则时的报告模式，分别为"不报告""警告""错误"和"致命错误"4种。

电气检查规则各选项卡一般情况下选择默认即可，该例中为了将有关驱动信号的违规信息去掉，可以将它们的报告模式设置为"不报告"，即将"Violations Associated with Nets"项中的"Signals with no driver"子项设置为"不报告"即可，如图 4-16 所示。

图 4-16　修改报告设置为"不报告"

（2）通过原理图编译进行电气规则检查

将原理图做局部修改，将标号 C2 改为 C1，增加一个空的接地符号，修改后的电路如图 4-17 所示，从图中可以看出违规的内容是有两个 C1，以及一个未连接的接地符号。

执行菜单【项目管理】→【Compile PCB Project PCB_ Project1. PrjPCB】，如图 4-18 所示，系统自动检查电路，并弹出 Messages 对话框，显示当前检查中的违规信息，如图 4-19 所示。

双击违规信息，系统弹出编译错误信息，高亮显示违规对象，定位违规对象显示，如图 4-20 所示。从图中可以得知违规对象位置，这样可以快速定位违规对象并修改，修改后，继续编译，直到编译无误为止。

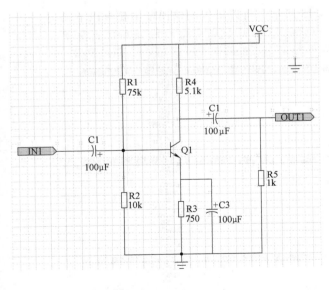

图 4-17　违规的电路

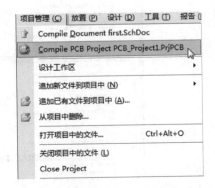

图 4-18　执行"Compile PCB Project PCB_ Project1. PrjPCB"命令

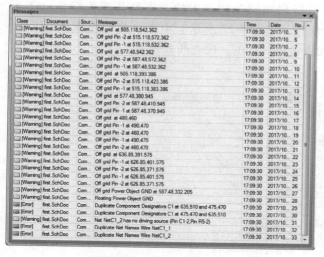

图4-19　Messages 对话框

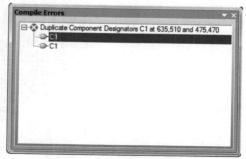

图4-20　编译错误信息对话框

单击 "Connection Matrix（连接矩阵）" 选项卡如图 4-21 所示。该标签中的选项也是用来设置错误报告类型的。在该选项卡中，用户可以定义一切与违反电气连接特性有关报告的错误等级，特别是元器件引脚、端口和原理图符号上端口的连接特性。当对原理图进行编译时，错误的信息将在原理图中显示出来。要想改变设置的错误等级，单击选项卡中的颜色块即可，每单击一次改变一次。

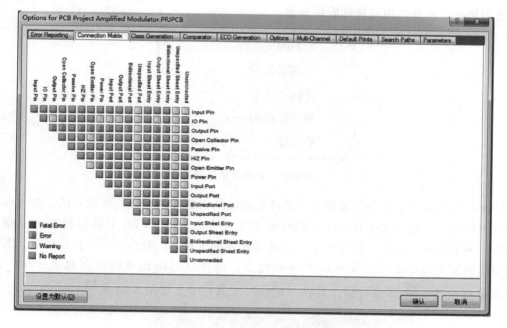

图 4-21　电气连接矩阵设置对话框

例如用户希望当进行电气规则检查时，对于元器件输入引脚未连接时，系统不产生报告信息，则按以下操作：先在矩阵的右侧找到 input pin（输入引脚），然后再在矩阵上部找到

unconnnected（未连接）这一列，连续单击行列相交处的小方块，直到其变为绿色（不报告），其电气连接检查后系统不产生报告信息，如图4-22所示。小方块共四种颜色：绿色，表示不报告；黄色，代表警告；橙色，代表错误；红色，代表严重错误。

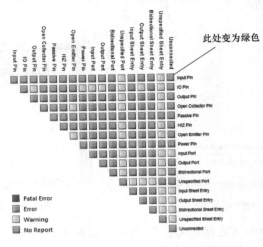

图 4-22　input pin 报告设置为"不报告"

在该选项卡的任何空白区域处单击鼠标右键，将弹出一个快捷菜单，可以设置各种特殊形式，如图4-23所示。在实际使用过程中，用户一般采用系统提供的默认设置，也可根据情况适当调整。此处采用系统的默认设置。

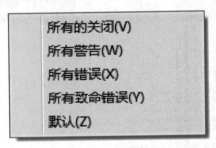

图 4-23　快捷菜单设置

注意：电气规则检查并不能检查出原理图功能结构方面的错误，也就是说，如果你设计的电路图原理上一些功能实现不了，ERC 是无法检查出来的。ERC 只能够检查出一些人为的疏忽，例如元器件引脚忘记连接了，或是网络标签重复等。当然，用户在设计时，假如某个元器件确实不需要连接，则可以忽略该检查。在可以忽略检查的地方放置一个"忽略ERC 检查指示符" ☒ 即可。该工具在"配线"工具栏上，如图4-24所示。

图 4-24　配线工具栏

4.2.2 生成网络表

网络表是反映原理图中元器件之间连接关系的一种文件，它是原理图与印制电路板之间的一座桥梁。在制作印制电路板的时候，主要是根据网络表来自动布线的。网络表也是 Protel DXP 2004 SP2 检查、核对原理图、PCB 是否正确的基础。

网络表可以由原理图文件直接生成；也可以在文本编辑器中由用户手动编辑完成；还可以在 PCB 编辑器中，由已经布好线的 PCB 图导出生成。网络表中主要包含元器件的信息和元器件之间连接的网络信息。

（1）设置网络表选项

执行菜单命令【项目管理】→【项目管理选项】，打开"项目管理选项"对话框，单击"Options"选项卡进行网络表选项设置，如图 4-25 所示。

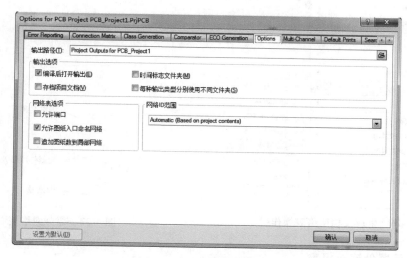

图 4-25　网络表选项设置

输出路径：用于设置输出文件的保存路径。

输出选项：用于设置文件的输出选项，一般选择"编译后打开输出"。

网络表选项：用于设置网络表的输出信息。

根据需要选择设置内容（一般选择默认），单击"确认"按钮，完成网络表选项设置。

（2）生成文档的网络表

在生成网络表前，必须在原理图中设置好所有元器件的标号和封装形式。

执行菜单命令【设计】→【文档的网络表】→【Protel】，如图 4-26 所示，系统自动生成 Protel 格式的网络表，在工作区面板中可以打开网络表文件（＊.NET）。

（3）生成设计项目网络表

对于存在多个原理图的设计项目，如层次原理图，一般采取生成设计项目网络表的方式，生成网络表文件，这样能保证网络表文件的完整性。

执行菜单命令【设计】→【设计项目的网络表】→【Protel】，系统自动生成 Protel 格式的网络表，并放置在项目下自动生成的文件夹 Generated 中，在工作区面板中可以打开网络表文件（＊.NET）。

第 4 章　层次原理图设计

网络表是一个简单的 ASCII 码文本文件，由多行文本组成，如图 4-27 所示，内容分两大部分，一部分是元器件的信息，另一部分是网络信息。元器件信息由若干小段组成，每一个元器件的信息为一小段，用方括号分隔，由元器件标识、元器件封装、元器件型号、数值等组成。空行由系统自动生成。网络信息同样由若干小段组成，每一个网络的信息为一小段，用圆括号分隔，由网络名称和网络中所有具有电气连接关系的元器件序号及引脚组成。

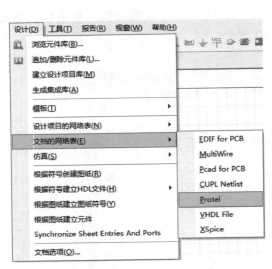

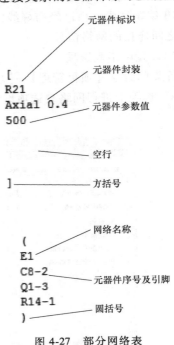

图 4-26　生成文档网络表操作　　　　　　图 4-27　部分网络表

4.2.3　生成元器件清单报表

元器件清单报表能够生成原理图中所有的元器件信息，主要用来列出当前项目中用到的所有元器件标识、封装形式、元器件库中的名称，相当于一份元器件清单。依据清单，用户可以详细查看项目中元器件的各类信息，同时在制作印制电路板时，也可以作为元器件采购的参考。

1. 元器件清单报表

在自由原理图"放大电路"文件下执行菜单命令【报告】→【Bill of Materials】，系统弹出元器件清单报表对话框如图 4-28 所示。在该对话框中，可以对要创建的元器件报表的选项进行设置，对话框左侧有两个列表框，它们的功能如下：

"分组的列"列表框：用于设置元器件的归类标准。如果将"其他列"列表框中的某一属性信息拖到该列表框中，则系统将以该属性信息为标准，对元器件进行归类，显示在元器件报表中。

"其他列"列表框：用于列出系统提供的所有元器件属性信息，如"Description（元器件描述信息）""Component Kind（元器件种类）"等。对于需要查看的有用信息，勾选右侧与之对应的复选框，即可在元器件报表中显示出来。不需要显示的，把"√"去掉即可。图 4-28 中使用了系统默认设置，即只勾选了 Description（元器件描述）、Designator（标识符）、Footprint（封装）、LibRef（库编号）和 Quantity（数量）五个复选项。

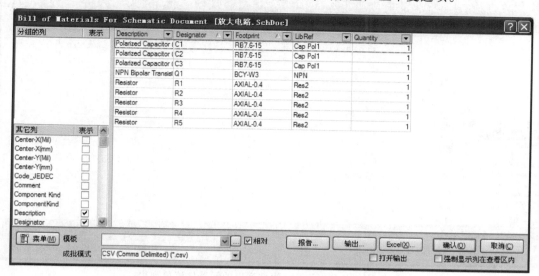

图 4-28　元器件清单报表

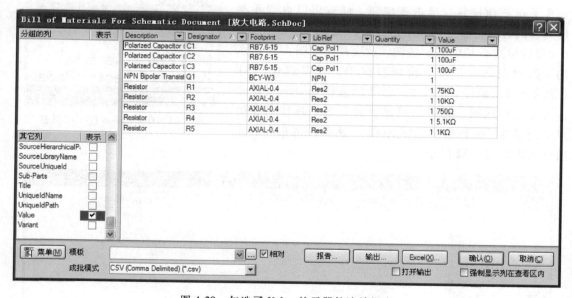

图 4-29　勾选了 Value 的元器件清单报表

　　一般情况下用户都希望元器件清单中能够包含元器件的参数值，这时就需要把"其他列"中 Value（值）勾选上，此时 Value 一栏就会在元器件报表中显示出来，如图 4-29 所示。

　　如果我们勾选了"其他列"列表框中的 Description（元器件描述）复选框，并将该选项拖到"分组的列"列表框中。此时所有 Description（元器件描述）信息相同的元器件都会被归为一类，显示在右侧的元器件列表中，如图 4-30 所示。

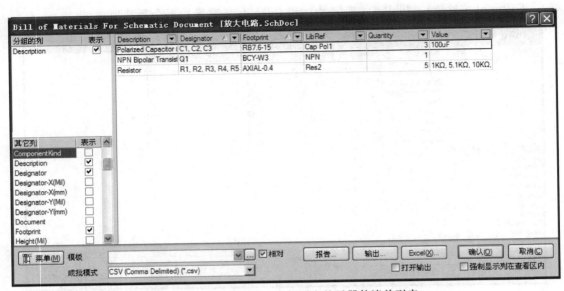

图 4-30　以 Description 为例列出的元器件清单列表

另外在对话框的右边元器件列表的各栏中，都有一个下拉三角按钮，单击该按钮，同样可以设置元器件列表的显示内容。例如单击元器件列表中 Description（元器件描述）栏的下拉按钮，就会弹出如图 4-31 所示的下拉列表框。在该下拉列表框中，可以选择 "All（显示全部元器件）"选项，也可以选择 Custom（定制方式显示）选项，还可以只显示具有某一具体描述信息的元器件。例如我们选择 Resistor 选项，则相应的元器件列表如图 4-32 所示。

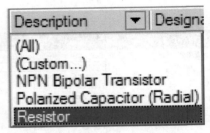

图 4-31　Description 的下拉列表

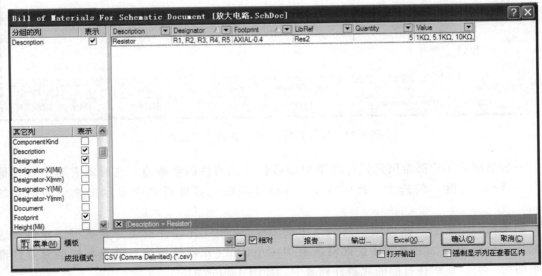

图 4-32　以 Resistor 为例的元器件清单列表

如图 4-28 所示的元器件清单报表中，在列表框的下方，还有若干选项和按钮，其功能如下：

"菜单"按钮：单击该按钮，弹出如图 4-33 所示的"菜单"选项，用户可以自己练习操作。

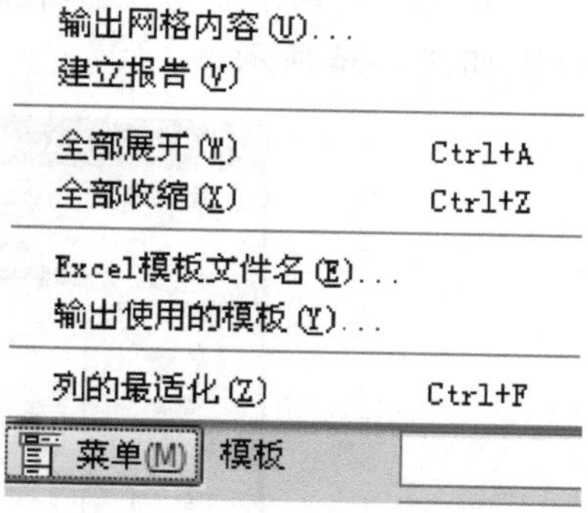

"报告"按钮：单击该按钮，将弹出元器件清单报表的预览图，如图 4-34 所示。报表预览图中有"全部""宽度""100%""输出""打印"几个按钮，单击"全部"则把报表全部显示出来；单击"宽度"，则把预览表按宽度全部显示预览；单击"100%"，则按 100% 的比例预览；单击"打印"则把报表打印输出。

"输出"按钮：单击该按钮，将弹出输出对话框，

输出网格内容 (U)...	
建立报告 (V)	
全部展开 (W)	Ctrl+A
全部收缩 (X)	Ctrl+Z
Excel模板文件名 (E)...	
输出使用的模板 (Y)...	
列的最适化 (Z)	Ctrl+F
菜单(M)　模板	

图 4-33　"菜单"按钮选项

如图 4-35 所示，在对话框中设置所要保存的文件名，选择保存的类型和位置，即可将元器件清单输出到指定的文件中。一般按照默认名称和路径设置即可。以上几个图中都出现了"输出"按钮，作用一样，都是将清单报表以 EXCEL 表格的存储类型保存到指定文件中。

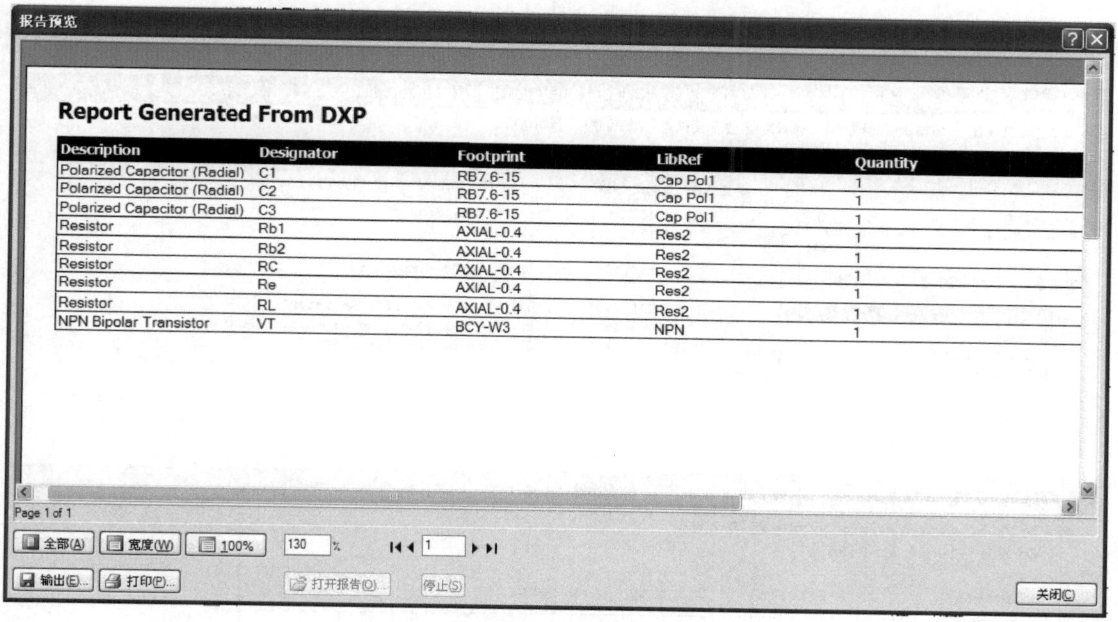

报告预览

Report Generated From DXP

Description	Designator	Footprint	LibRef	Quantity
Polarized Capacitor (Radial)	C1	RB7.6-15	Cap Pol1	1
Polarized Capacitor (Radial)	C2	RB7.6-15	Cap Pol1	1
Polarized Capacitor (Radial)	C3	RB7.6-15	Cap Pol1	1
Resistor	Rb1	AXIAL-0.4	Res2	1
Resistor	Rb2	AXIAL-0.4	Res2	1
Resistor	RC	AXIAL-0.4	Res2	1
Resistor	Re	AXIAL-0.4	Res2	1
Resistor	RL	AXIAL-0.4	Res2	1
NPN Bipolar Transistor	VT	BCY-W3	NPN	1

Page 1 of 1

全部(A)　宽度(W)　100%　130 %　◄◄ ◄ 1 ► ►►

输出(E)...　打印(P)...　打开报告(O)...　停止(S)　关闭(C)

图 4-34　报表预览图

Excel 按钮：单击该按钮，将在该文件下自动生成的文件夹"Project Outputs for 放大电路"中保存一个名称为"放大电路 . xls"的 Excel 格式的清单报表。若前面已经单击过"输出"保存，则此处就无需单击该按钮了，若再次单击会弹出对话框提示文件已经存在是否替代。

2. 简易元器件清单报表

以上的元器件清单报表显然需要用户设置，Protel DXP 2004 系统还为用户提供了推荐的元器件报表，即不需要进行设置即可产生的报表。

单击执行菜单命令【报告】→【Simple Bom】，系统同时生成后缀名为"＊＊＊.BOM"和

"＊＊＊．CSV"的两个简易元器件清单报表，并加入到系统自动生成的 Generated 文件夹中，对话框如图 4-36 所示。

图 4-35 "输出"保存

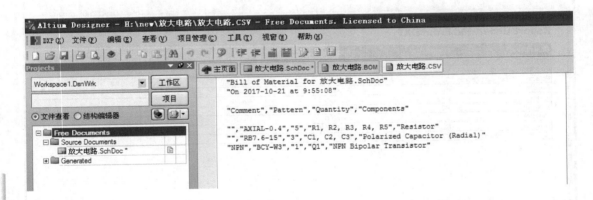

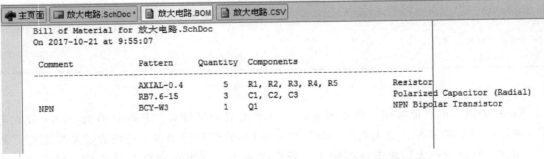

图 4-36 后缀名为"＊.BOM"和"＊.CSV"的简易清单报表

4.2.4 打印原理图

在原理图设计完毕后，为了方便电路分析以及查找数据，经常需要打印原理图。Protel DXP 2004 SP2 提供了图纸打印功能。用户在打印之前，一般需要先进行页面设置，然后进行打印设置。

1. 页面设置

页面设置主要是用来设置纸张大小、纸张方向、页边距、打印缩放比例、打印颜色等。

执行菜单命令【文件】→【页面设定】，将弹出如图 4-37 所示的对话框，在其中对页面进行设置。

打印纸：有三个选项需要设置。其中"尺寸"用于设置打印纸张的大小，可以在其后的下拉列表中选择。"横向""纵向"表示将图纸设置为横向放置还是纵向放置，通过单击其前面的小圆圈来进行选择。

余白：用于设置纸张的边缘到图框的距离，分为水平距离和垂直距离。

缩放比例：用于设置打印时的缩放比例。电路图纸的规格与普通打印纸的尺寸规格不同。当图纸的尺寸大于打印纸的尺寸时，用户可以在打印输出时对图纸进行一定比例的缩放，从而使图纸能在一张打印纸中完全显示。有两种刻度模式可供选择：

Fit Document On Page：表示根据打印纸张大小自动设置缩放比例来输出原理图。

Scaled Print：自行设置打印缩放比例。当选择该项后，可以在"修正"下设置 X 和 Y 方向的缩放比例。

彩色组：用于打印颜色的设置。"单色"表示将图纸单色输出；"彩色"表示将图纸彩色输出；"灰色"表示将图纸灰色输出。图 4-37 中，将图纸大小设置为 A4，放置方式设置为横向，图纸灰色输出。

"打印"按钮：单击该按钮，弹出如图 4-38 所示的打印机设置对话框。在该对话框中可以选择打印机的名称、打印范围、打印份数等。用户可以根据要求进行设置。单击"确定"按钮后，如果用户的电脑已经连接了打印机，就可以打印了。

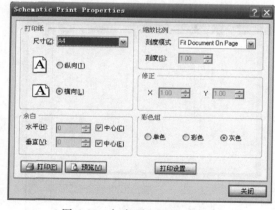

图 4-37　打印页面设置对话框

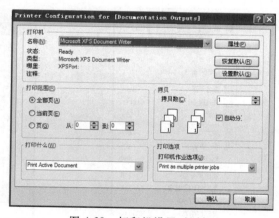

图 4-38　打印机设置对话框

"预览"按钮：单击该按钮，弹出当前打开的原理图预览窗口，如图 4-39 所示，当前默认设置为 A4 纸，纸张横向，刻度模式为 Fit Document On Page。

"打印设置"按钮：单击该按钮，同样弹出如图 4-38 所示的打印机设置对话框。

2. 打印机设置

要实现对原理图的打印预览功能，除了打印页面设置中介绍的以外，还可以执行菜单命令【文件】→【打印预览】，或者单击标准工具栏中的"打印预览" 按钮。在当前的打印预览图中空白处单击鼠标右键，弹出如图 4-40 所示快捷菜单，选择"页面设定"选项同样

Preview Schematic Prints of [放大电路.SchDoc]
全部(A)
宽度(W)
100%
打印(P)...
59
%
1/1
Page - A4 (11693 x 8268)

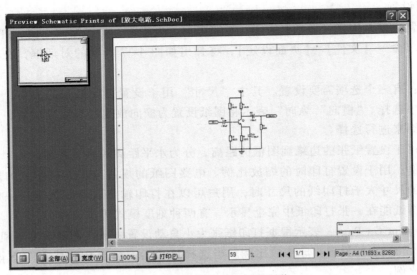

图 4-39　当前原理图打印预览

可以弹出如图 4-37 所示的页面设置对话框进行打印设置。

如果打印机所连接的电脑没有安装 Protel DXP 2004 SP2 软件，就没法直接打印输出原理图，这时可以在如图 4-40 所示的快捷菜单中选择“输出图元文件”，弹出对话框选择保存路径，以图片的格式存储，图片双击打开后，如图 4-41 所示，即可以图片的方式打印输出了。

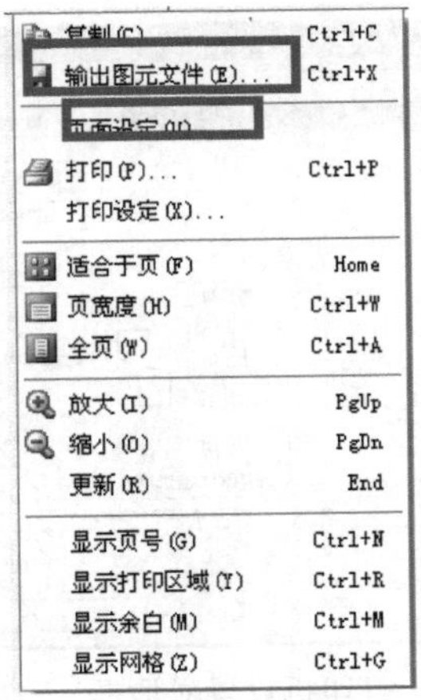

复制(C)　Ctrl+C
输出图元文件(E)...　Ctrl+X
页面设定(U)
打印(P)...　Ctrl+P
打印设定(X)...
适合于页(F)　Home
页宽度(H)　Ctrl+W
全页(W)　Ctrl+A
放大(I)　PgUp
缩小(O)　PgDn
更新(R)　End
显示页号(G)　Ctrl+N
显示打印区域(Y)　Ctrl+R
显示余白(M)　Ctrl+M
显示网格(Z)　Ctrl+G

图 4-40　预览窗口右键快捷菜单

.EMF - Windows 图片和传真查看器

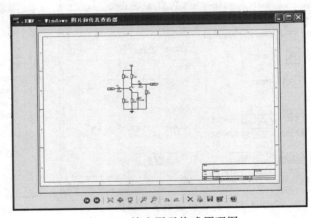

图 4-41　输出图元格式原理图

4.3　实训

4.3.1　实训 1　两级放大电路原理图的设计

1. 实训要求

采用自上而下的层次原理图绘制方法，设计如图 4-42 所示的两级放大电路，要求：以图中虚线为界把两级放大电路各自绘制成一张子图，做成层次原理图。

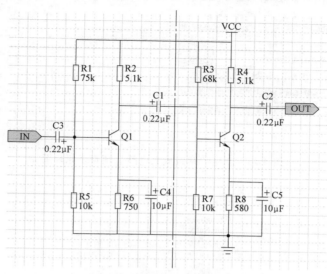

图 4-42　两级放大电路原理图

2. 分析

要完成此实训任务需要掌握的知识和技能：层次原理图的绘制方法；端口、图纸入口、方块电路图在层次原理图中的使用方法。

3. 操作步骤

下面我们以自上而下的层次原理图绘制方法完成如图 4-42 所示的两级放大电路的原理图绘制。

（1）新建设计项目和文件

1）新建 PCB 项目。执行菜单命令【文件】→【创建】→【项目】→【PCB 项目】，系统自动创建一个名为"PCB_Project1. PrjPCB"的空白项目文件。

执行菜单命令【文件】→【另存项目为】，屏幕弹出另存项目对话框，更改文件名为"两级放大电路"，单击"保存"按钮，完成项目保存。

2）新建原理图。执行菜单命令【文件】→【创建】→【原理图】创建原理图文件，或用鼠标右键单击项目文件名，在弹出的菜单中选择【追加新文件到项目中】→【Schematic】系统将在该 PCB 项目中新建一个空白原理图文件，默认名为"Sheet1. SchDoc"，并进入原理图设计界面。用鼠标右键单击原理图文件"Sheet1. SchDoc"，在弹出的菜单中选择"另存为"，屏幕弹出一个对话框，将文件改名为"两级放大电路"并保存，如图 4-43 所示。

（2）绘制顶层原理图

1）放置图纸符号。执行菜单命令【放置】→【图纸符号】命令，或者单击"配线"工具栏中"放置图纸符号"　 按钮，即可进入放置状态，此时光标变为十字形并附着一个图纸符号，如图 4-44 所示。此时按 Tab 键，弹出属性设置对话框，如图 4-45 所示。

2）设置图纸符号属性。这里，我们设置标识符为"U_first"，表示两级放大电路的第一级。文件名设置为"first. SchDoc"，如图 4-46 所示。

绘制完成图纸符号后，还可以对图纸符号标注的颜色、角度、字体进行修改，将光标移

第 4 章　层次原理图设计

图 4-43　新建"两级放大电路"项目及原理图

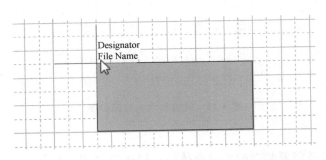

图 4-44　放置图纸符号

动到文字标注处，双击鼠标左键，将弹出"图纸符号标识符"属性对话框，如图 4-47 所示。

用同样的方法放置第 2 块方块图，表示第二级放大电路，故将标识符设置为"U_sec-ond"，文件名设置为"second. SchDoc"。如图 4-48 所示。

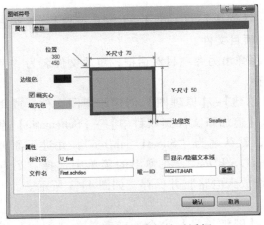

图 4-45　图纸符号属性对话框

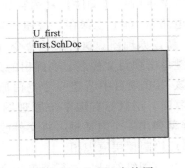

图 4-46　U_first 方块图

3）放置图纸入口。执行菜单【放置】→【加入图纸入口】命令，或者单击工具栏中【放置图纸入口】按钮 ，执行命令，光标变为十字形状，然后在需要放置端口的方块图上单击鼠标左键，此时光标处就带着方块电路的端口符号，在命令状态下按 Tab 键，系统弹出"图纸入口"属性对话框，在对话框中输入相应的名称及 I/O 类型，如图 4-49 所示。

对两个方块电路分别放置输入和输出，对于第一级放大电路"U_first"，输入端口"IN1"为两级放大电路的输入；输出端口"OUT1"与第二级放大电路"U_second"的输入端口"IN2"电气相连；第二级的输出"OUT2"，即为两级放大电路的总输出。

图 4-47　图纸符号标识符属性对话框

图 4-48　U_second 方块图

设置完属性后，将光标移动到适当的位置后，单击鼠标左键将其定位，使用同样的方法完成所有端口设置。绘制完成的方块图如图 4-50 所示。

（3）绘制子图

完成了顶层原理图的绘制以后，我们要把顶层原理图的每一个方块电路对应的子原理图绘制出来。

1）由方块图电路符号产生新原理图和I/O 端口符号。在设计子原理电路图时，其I/O 端口符号必须和方块图电路上的 I/O 端口符号相对应。Protel DXP 2004 SP2 可以由方块图电路符号直接产生原理图文件的端口号。

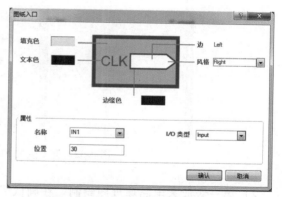

图 4-49　"图纸入口"属性对话框

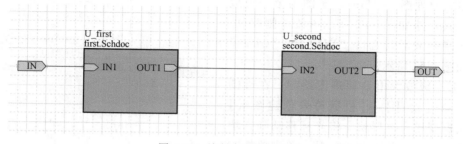

图 4-50　绘制完成的方块图

在母图中执行菜单命令【设计】→【根据符号创建图纸】，光标变成十字形状，将光标移动到方块电路"U_first"的内部空白处，单击鼠标左键，出现如图 4-51 所示对话框。

单击对话框中的；"Yes"按钮，所产生的 I/O 端口电气特性与原来方框电路中的相反，即输入变输出；单击对话框中的"No"按钮，所产生的I/O端口电气特性与原来方框电路中的相同，即输出仍是输出。

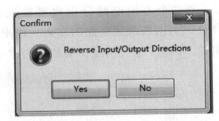

图4-51　确认端口方向改变对话框

此处根据电路单击"No"按钮，Protel DXP 2004 SP2自动生成原理图文件名即为方块图中的文件名，如图4-52所示，并且原理图图纸上已经有两个端口，也就是根据方块电路"U_first"所自动产生的两个端口，名字和数量都是和母图方块电路中的端口相对应的。

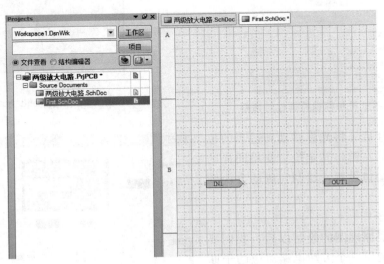

图4-52　自动生成 First 子图及对应端口

2）第一级放大电路原理图绘制。在确认了新电路原理图上的I/O端口符号与对应方框电路上的I/O端口符号完全一致后，就可以按照该模块的组成来放置元器件和连线，绘制出具体的电路原理图，"First"子图为第一级放大电路，其电路如图4-42所示虚线左侧部分。原理图绘制完成后与端口"IN1"和"OUT1"相连，如图4-53所示。

3）第二级放大电路原理图绘制。在母图中执行菜单【设计】→【根据符号创建图纸】命令，光标变成十字形状，将光标移动到方块电路"U_second"的内部空白处，单击鼠标左键，同样的方法自动生成原理图文件，如图4-54所示。Second 子图为第二级放大电路，其电路如图4-42所示虚线右侧部分。绘制完后与端口"IN2"和"OUT2"相连，如图4-55

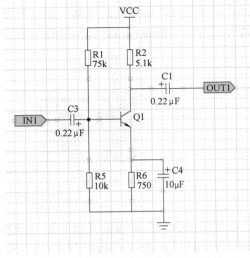

图4-53　绘制 First 子图并连接端口

所示。

这样，就采用自上而下的层次原理图设计方法完成了整个两级放大电路的设计。

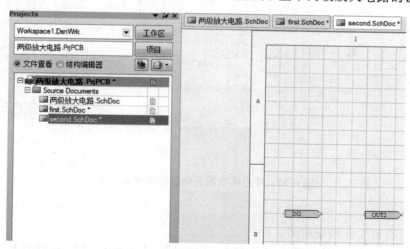

图 4-54 自动生成 Second 子图及对应端口

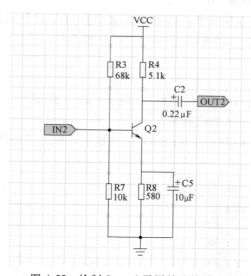

图 4-55 绘制 Second 子图并连接端口

4.3.2 实训 2 带直流电源供电的单级放大电路原理图设计

1. 实训要求

采用自下而上的层次电路原理图绘制方法，设计一个带直流电源供电的单级放大电路，如图 4-56 所示沿虚线分成"放大电路子图"和"电源子图"，并进行电气规则检查、顶层母图和底层子图的切换、生成元器件清单报表和打印输出原理图。

2. 分析

自下而上的层次原理图设计方法与自上而下的层次原理图设计方法相比，只是设计顺序的不同，通过先绘制层次原理图的各个子图，由子图生成母图中的图纸符号，然后在母图中进行布线，完成母图的绘制。

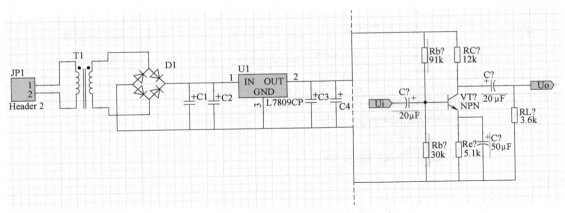

图 4-56　带直流电源供电的单级放大电路

3．操作步骤

（1）新建项目文件和原理图文件

1）新建 PCB 项目。执行菜单【文件】→【创建】→【项目】→【PCB 项目】，新建一个设计项目，保存为"层次原理图 PrjPCB"。

2）新建原理图文件。在项目下执行菜单【文件】→【创建】→【原理图】，新建三个原理图文件，分别保存为"放大电路子图.SchDoc""电源子图.SchDoc""母图.SchDoc"。如图4-57 所示。

（2）绘制子图

1）绘制"放大电路子图.SchDoc"。在 projects 面板中，单击"放大电路子图.SchDoc"，绘制如图 4-58 所示的电路图。

2）绘制"电源子图.SchDoc"。在 projects 面板中，单击"电源子图.SchDoc"，绘制如图 4-59 所示的电路图。

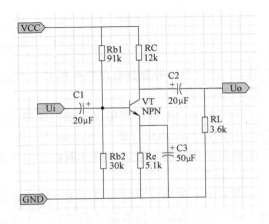

图 4-57　新建层次原理图项目文件及原理图　　　　图 4-58　放大电路子图

这两张图纸之间通过导线相连接，而在层次电路图中，子电路图之间的联系是通过端口来实现的，端口如图 4-58 和图 4-59 中左右两侧所示。

通过执行菜单【放置】→【端口】，或者单击"配线"工具栏上的端口 按钮绘制端口。在端口放置状态按下 Tab 键弹出属性对话框进行参数设置，也可以双击放置好的端口，在打开的属性对话框中设置端口属性。电源子图端口中的 I/O 类型设为 output，放大电路子图端口的 I/O 类型设为 input，其他设置采用默认。

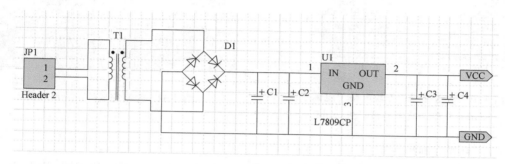

图 4-59　电源子图

（3）绘制顶层原理图

虽然"放大电路子图 . SchDoc"和"电源子图 . SchDoc"具有相同的端口，但是两张图纸之间还没有建立联系。不同于自上向下层次原理图设计中可自动生成子原理图，这里不会自动生成顶层原理图，需要新建一张顶层电路图，在顶层电路图中体现"放大电路子图 . SchDoc"和"电源子图 . SchDoc"之间的关系。刚才我们已经创建好了一个空白的顶层原理图文件"母图 . SchDoc"。

单击打开"母图 . SchDoc"，执行菜单【设计】→【根据图纸建立图纸符号】，在弹出的如图 4-60a 所示窗口中选择"电源子图 . SchDoc"，单击"确认"后，将弹出如图 4-60b 所示对话框，提示用户是否需要将输入/输出口反向，单击"No"。光标上将出现一个方块电路，在合适的位置单击鼠标左键，将方块电路图放置在顶层原理图中，然后设置方块电路图属

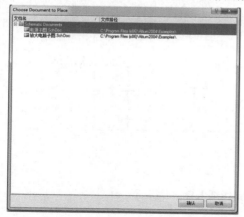

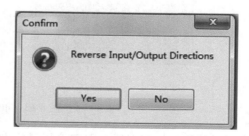

a)　　　　　　　　　　　　　　　　b)

图 4-60　生成方块电路并确认对话框

性，生成如图 4-61a 所示的方块电路图。按照上述方法继续生成"放大电路子图 . SchDoc"的方块电路图，如图 4-61b 所示。此时"放大电路子图 . SchDoc"和"电源子图 . SchDoc"的两个方块电路之间还没有连接关系，而实际上，两个电路图之间是通过对应端口相连接的，使用导线将这两个方块电路对应的端口连接起来即可。若有其他元器件，按照普通原理图绘制方法继续绘制。绘制完成的顶层原理图如图 4-62 所示，最后保存所有文件。至此，一个完整的自下而上的层次原理图绘制完成。

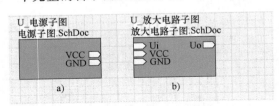

图 4-61　放置完成的方块电路"电源子图 . SchDoc"和"放大电路子图 . SchDoc"

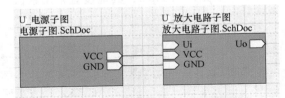

图 4-62　绘制完成的顶层原理图

（4）电气规则检查

打开项目文件，执行菜单【项目管理】→【Compile PCB Project 层次原理图 . PrjPCB】，编译整个电路系统，即 ERC 检测。将系统自动弹出的 messages 对话框里指出的警告、错误修改好，即可完成电气规则检查。

（5）层次原理图之间的切换

层次原理图各张图纸之间切换可以有以下几种方式：

1）用命令方式切换。

① 由顶层原理图切换到子原理图。打开顶层原理图"母图 . SchDoc"，执行菜单命令【工具】→【改变设计层次】，或者单击主菜单栏中的"层次原理图切换"按钮，光标变成十字形，然后将光标移动到"电源子图 . SchDoc"所对应的方块电路上，用鼠标左键单击其中一个图纸入口，如图 4-63 所示，将打开该方块所对应的子原理图，即"电源子图 . SchDoc"，此时子原理图中之前单击过的图纸入口高亮显示。

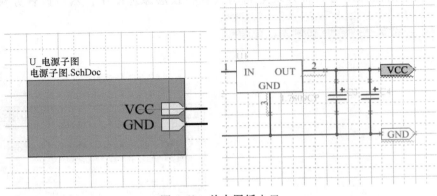

图 4-63　单击图纸入口

也可以利用项目管理器，即直接用鼠标左键单击项目窗口"层次结构"中所要编辑的文件名。单击文件名后，系统自动打开子原理图，并将其切换到原理图编辑区内。此时，子原理图中与之前单击过的图纸入口同名的端口处于高亮状态。

如果要从子原理图"电源子图.SchDoc"切换回到顶层电路图,只需要在"电源子图.SchDoc"中的对应端口上单击鼠标左键,即可回到顶层电路图。

② 由子原理图切换到顶层原理图。打开一个子原理图,执行菜单【工具】→【改变设计层次】,或者单击主菜单栏中的"层次原理图切换"按钮 ,光标将变成十字形。移动光标到子原理图的一个输入输出口上,鼠标左键单击该端口,系统将自动打开并切换到顶层原理图,此时,顶层原理图中与前面子图中单击的输入输出端口同名的端口处于高亮状态,如图4-64所示。

2)用projects工作面板切换。打开projects面板,如图4-65所示,单击面板中相应的原理图文件名,在原理图编辑区就会显示对应的原理图。

通过对比图4-57和图4-65我们可以发现经过编译以后三张原理图之间的关系也由平行生成的三张原理图,变成了顶层和底层的上下级关系。

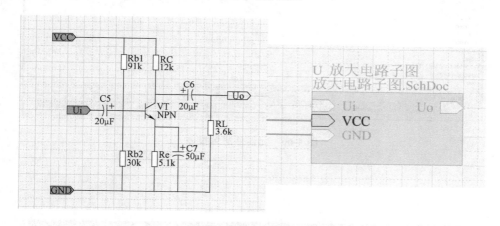

图4-64　子图切换到顶层原理图

（6）生成报表

1)元器件清单报表。在"层次原理图"项目文件下执行菜单命令【报告】→【Bill of Materials】,系统弹出元器件清单报表对话框如图4-66所示。图4-66中使用了系统默认的设置,即只勾选了Description（描述）、Designator（标识符）、Footprint（封装）、LibRef（库编号）和Quantity（数量）五个复选项。

若用户希望元器件清单中能够包含元器件的参数值,可把"其他列"中Value（值）勾选上,此时Value一栏就在元器件报表中显示出来,如图4-67所示。

图4-65　用projects面板切换

单击元器件列表中Description（描述）栏的下拉按钮,弹出如图4-68所示的下拉列表框。

在该下拉列表框中,我们选择Resistor选项,则相应的元器件列表如图4-69所示。

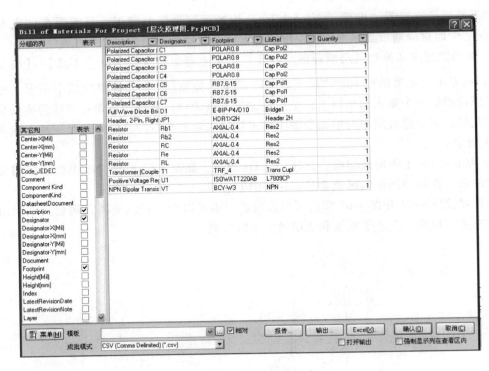

图 4-66　元器件清单报表

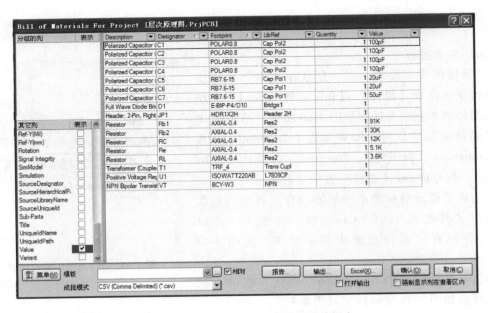

图 4-67　勾选了 Value 的元器件清单报表

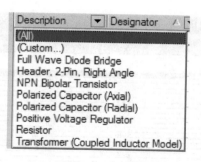

图 4-68 Description 的下拉列表

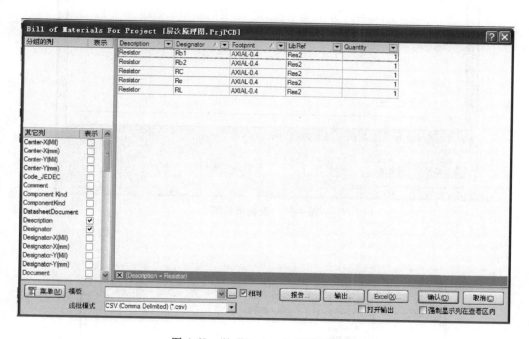

图 4-69 以 "Resistor" 归类的报表

单击图中 "报告" 按钮，将弹出元器件清单报表的预览图，如图 4-70 所示。

单击 "输出" 按钮，将弹出输出对话框，在对话框中设置所要保存的名字，选择保存的类型和位置，如图 4-71 所示。

将在该项目下自动生成的文件夹 "Project Outputs for 层次原理图" 中保存一个名称为 "层次原理图 . xls" 的 Excel 格式的清单报表，双击打开如图 4-72 所示。

2）简易元器件清单报表。单击执行菜单栏【报告】→【Simple Bom】命令，系统同时生成后缀名 "∗.BOM 和∗.CSV" 的两个简易元器件清单报表，并加入到项目中，对话框如图 4-73 所示。

3）工程层次结构图。单击执行菜单栏【报告】→【Report Project Hierarchy】，即可生成该项目的工程层次结构图，如图 4-74 所示。若项目下只有单张原理图则无法生成。

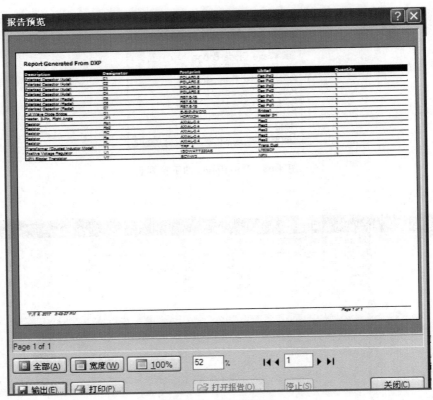

图 4-70　报表预览图

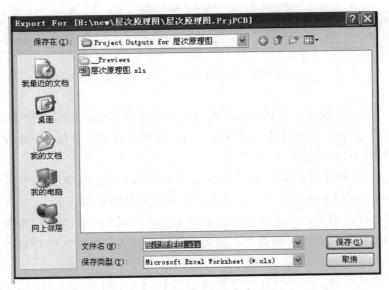

图 4-71　"输出"保存

Description	Designator	Footprint	LibRef	Quantity	Value
Polarized Capacitor (Axial)	C1	POLAR0.8	Cap Pol2	1	100pF
Polarized Capacitor (Axial)	C2	POLAR0.8	Cap Pol2	1	100pF
Polarized Capacitor (Axial)	C3	POLAR0.8	Cap Pol2	1	100pF
Polarized Capacitor (Axial)	C4	POLAR0.8	Cap Pol2	1	100pF
Polarized Capacitor (Radial)	C5	RB7.6-15	Cap Pol1	1	20uF
Polarized Capacitor (Radial)	C6	RB7.6-15	Cap Pol1	1	20uF
Polarized Capacitor (Radial)	C7	RB7.6-15	Cap Pol1	1	50uF
Full Wave Diode Bridge	D1	E-BIP-P4/D10	Bridge1	1	
Header, 2-Pin, Right Angle	JP1	HDR1X2H	Header 2H	1	
Resistor	Rb1	AXIAL-0.4	Res2	1	91K
Resistor	Rb2	AXIAL-0.4	Res2	1	30K
Resistor	RC	AXIAL-0.4	Res2	1	12K
Resistor	Re	AXIAL-0.4	Res2	1	5.1K
Resistor	RL	AXIAL-0.4	Res2	1	3.6K
Transformer (Coupled Inductor Model)	T1	TRF_4	Trans Cupl	1	
Positive Voltage Regulator	U1	ISOWATT220AB	L7809CP	1	
NPN Bipolar Transistor	VT	BCY-W3	NPN	1	

图 4-72　Excel 格式保存的输出报表

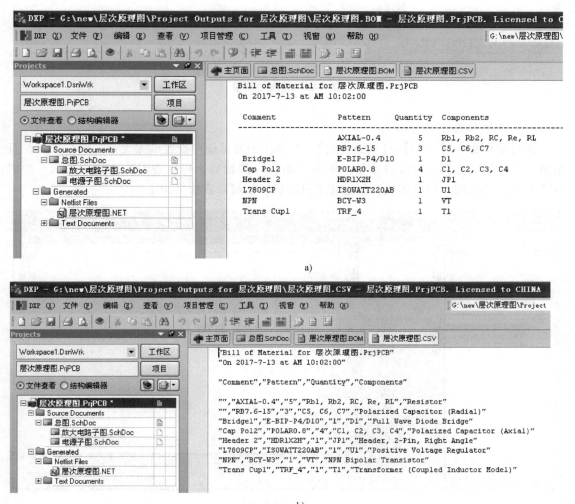

图 4-73　后缀名为 "＊.BOM 和＊.CSV" 的简易清单报表

第 4 章　层次原理图设计

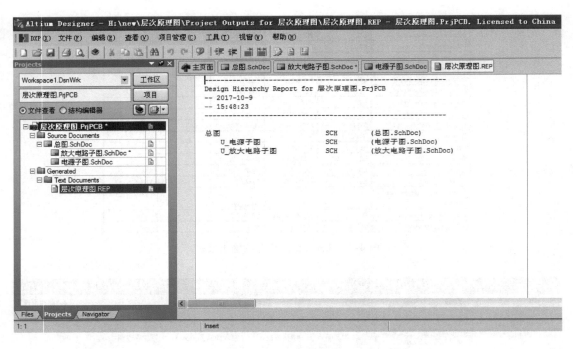

图 4-74　层次结构图

（7）层次原理图的打印

执行菜单命令【文件】→【页面设定】，在弹出的对话框中设置纸张大小、纸张方向、页边距、打印缩放比例、打印颜色等。单击"确认"按钮后，可以查看打印预览窗口，如图4-75 所示。如果用户的计算机已经连接了打印机，就可以直接打印了。

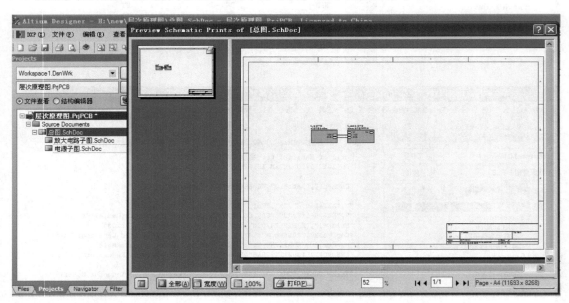

图 4-75　预览窗口

4.4 思考与练习

1. 简述两种层次原理图绘制的基本流程。

2. 在层次原理图绘制过程中，如何放置端口，两个方块电路之间的连接通过什么实现？

3. 新建一个 PCB 项目文件，并以"Exercise4_1. PrjPCB"为文件名保存在路径"E：\Chapter4"中。

4. 在"Exercise4_1. PrjPCB"项目文件下，按自上而下的方法绘制如图 4-75 所示层次原理图。

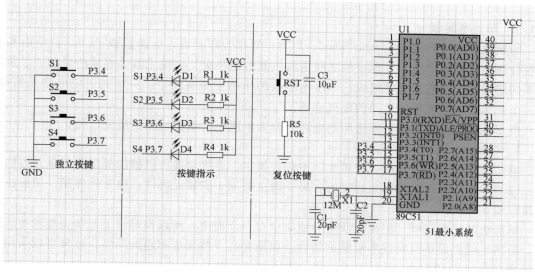

图 4-76 题 4 图

第5章　印制电路板（PCB）设计

5.1　创建 PCB 文件

5.1.1　印制电路板

印制电路板（Printed Circuit Board，PCB）简称为印制板、电路板或 PCB。它是由实现元器件连接的铜膜导线，实现板层之间绝缘性能的绝缘板，实现元器件安装的焊盘，以及实现不同层导线连接的过孔等组成，印制电路板的作用主要有两个，一个是固定电路元器件，另一个是实现电路元器件之间的电气连接。

根据导电层数不同，可以将印制电路板分为单面板、双面板和多层板三种。

1. 单面板

单面板只有一个信号层，在这个层中包含固定、连接元器件引脚的焊盘和实现元器件引脚互连的印制导线，该面称为焊锡面，另一面主要用于安装元器件，称为元件面，单面板的结构如图 5-1 所示。

单面板的成本较低，但由于所有导线集中在一个面中，所以很难满足复杂连接的布线要求。适用于线路简单及对成本敏感的场合，如果存在一些无法布通的网络，通常可以采用导线跨接（跳线）的方法。

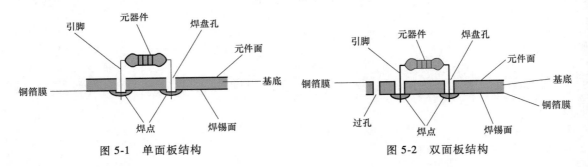

图 5-1　单面板结构　　　　　　　　图 5-2　双面板结构

2. 双面板

双面板是用两面都覆有铜箔的绝缘基板制作而成的，因此，它的两面都可以制作导电图形，两个面上的导电图形可以通过"过孔"实现连接，如图 5-2 所示。双面板（Double-Sided Boards）有顶层（Top Layer）和底层（Bottom Layer）两个信号层，顶层和底层都可以放置元器件，也都可以作为焊锡面，习惯上顶层为元件面，底层一般为焊锡面。由于双面板中可以通过"过孔"实现两个层面上导线的互通，所以相对于单面板，双面板的布线更容易实现。

双面板的成本略高，但布线比较自由，布通率也比较高，因此应用十分广泛，如对电气性能要求比较高的通信设备、仪器仪表和数码产品等都采用双面板。

3. 多层板

多层板就是包含多个电气层的电路板。多层板除了顶层和底层之外，还包括中间层、内部电源或接地层等，各个电气层之间用绝缘层隔开。不同层之间可以通过"过孔"进行连接。如图 5-3 所示为一个四层电路板，它包括顶层和底层两个信号层、一个内部电源层、一个内部接地层。

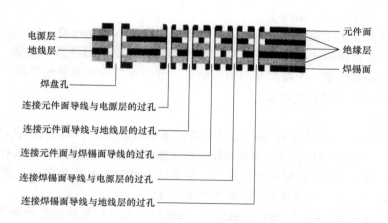

图 5-3　多层板结构

多层板的层数一般为偶数（如 4、6、8），具有可布线层数多、走线方便、连线短、布通率高、工作频率高等特点，比较适合用于布线密度较高的复杂电路，如计算机的主板、显卡等都是采用多层板。随着集成电路技术的快速发展，多层板的应用也越来越广泛。

5.1.2　印制电路板的工作层面

Protel DXP 2004 SP2 提供了多种类型的工作层面，如信号层、内部电源/接地层、机械层、屏蔽层、丝印层和其他层等，用户可以在不同的工作层面执行不同的操作，以完成 PCB 设计。

Protel DXP 2004 SP2 软件中的"层"不是虚拟的，而是有其物理意义的。也就是说，层不仅可以有厚度，而且层与层之间的位置关系也不能随意变更。

1. 信号层（Signal Layers）

信号层主要用于布线。在 Protel DXP 2004 SP2 中，最多可设置 32 个信号层，包括顶层（Top Layer）、底层（Bottom Layer）和 30 个中间层（Mid-Layer1 ~ Mid-Layer30）。在双面板中，顶层主要用于放置元器件，称为元器件层或元件面，当然，顶层也可以布线；底层主要用于布线和焊接元器件，称为布线层或焊锡面，当然，必要时也可放置元器件。对于单面板，顶层只能放置元器件，不能布线。

2. 内部电源/接地层（Internal Planes）

内部电源/接地层简称为内电层，主要用来铺设电源和地，可以提高电路板抗电磁干扰（EMI）能力和稳定性。在 Protel DXP 2004 SP2 中，最多可设置 16 个内电层。

3. 机械层（Mechanical Layers）

机械层是承载电路板的轮廓（物理边界）、外形尺寸，以及电路板制作、装配所需信息的层面。在 Protel DXP 2004 SP2 中，最多可设置 16 个机械层。

4. 屏蔽层（Mask Layers）

屏蔽层是助焊层（Paste Mask）和阻焊层（Solder Mask）的总称，包括顶层助焊层、底层助焊层和顶层阻焊层、底层阻焊层 4 个层。电路板上，在助焊层焊点位置涂覆一层助焊剂，可提高焊盘的可焊性。阻焊层的作用刚好相反，它留出焊点的位置，而用阻焊剂将电路板的其他位置覆盖住。由于阻焊剂阻止焊锡覆着，甚至可以排开焊锡，可以防止焊接时焊锡溢出落在不希望着锡的部位，避免造成短路。可见，在电路板上这两种层是一种互补关系。

5. 丝印层（Silkscreen Layers）

丝印层包括顶层丝印层（Top Overlay）和底层丝印层（Bottom Overlay）。它的作用就是在电路板的顶层或底层印一些文字或符号，如元器件标号、元器件外形轮廓、公司名称等。设计电路板时，需要在哪一个层面显示相关信息，就必须打开相应的丝印层；如果两面都要显示，则必须同时打开两个丝印层。

6. 其他层

禁止布线层（Keep-Out Layer）用于定义放置元器件和导线的区域范围，它定义了电路板的电气边界。在进行自动布线时，元器件和导线必须放置在禁止布线层划定的布线有效区域内。

多层（Multi-Layer）代表所有的信号层，在多层上放置的图件会自动放置到所有的信号层上。在电路板中，插入式焊盘和过孔就放在多层上。

钻孔引导层（Drill Guide）和钻孔视图层（Drill Drawing）提供钻孔图和钻孔位置信息。钻孔引导层主要是提供与旧的电路板制作工艺兼容而保留的钻孔信息。对于现代制作工艺而言，更多的是通过钻孔视图层来提供钻孔参考文件。

5.1.3 印制电路板的相关术语

1. 元器件封装

元器件封装是指电子元器件焊接到电路板上时的外观形状和焊盘位置，它仅仅是一个空间概念，因此不同的元器件可以共用一个元器件封装，同种元器件也可以有不同的封装。

元器件的封装形式有直插式元器件封装和表面贴片式（SMT）元器件封装。直插类元器件在安装时，须将元器件引脚插入元器件封装的焊盘孔中，然后再在电路板的另一面进行引脚焊接。这种封装的焊盘贯穿了整个电路板，其焊盘必须放置在多层（Multi-Layer）上。表面贴片式元器件在安装时其焊盘是贴在电路板表面的，所以它的焊盘必须放在电路板的顶层或底层。

常用的分立元器件的封装有电阻类（AXIAL-0.3 ~ AXIAL-1.0）、非极性电容类（RAD-0.1 ~ RAD-0.4）、极性电容类（RB5-10.5 ~ RB7.6-15）、二极管类（DIODE-0.4 ~ DIODE-0.7）、可变电阻类（VR1 ~ VR5）等，这些封装集中在 Miscellaneous Devices.IntLib 元器件库中。集成电路芯片封装有双列直插式封装（简称 DIP）、小外形封装（SOP）、塑料有引线芯片载体封装（PLCC）、塑料四边引出式扁平封装（PQFP）、四周扁平封装（QFP）、球栅封装（BGAP）等。

元器件封装的编号一般包括：元器件类型、焊盘距离、元器件外形尺寸。可以根据元器件封装的编号来判断元器件封装的规格。如 AXIAL-0.3 表示此元器件封装为轴状（一般为电阻），两焊盘间距为 0.3in；RB7.6-15 表示极性电容类元器件封装，引脚间距为 7.6mm，元器件直径为 15mm；DIP-24 表示双列直插式元器件封装，24 个焊盘引脚。

2. 铜膜导线与飞线

铜膜导线简称为导线，用于连接电路板上的各个焊盘。印制电路板的布线设计，就是用铜膜导线取代飞线，来实现元器件焊盘之间的电气连接。

将原理图设计信息导入 PCB 编辑器之后，将用各个元器件的元器件封装来取代原来原理图中的元器件，用焊盘来取代原来原理图中元器件的引脚，在有连接关系的焊盘之间会出现一些细线，这些线称为飞线。飞线和导线有本质区别，飞线只是在形式上表示各个焊盘之间具有连接关系，本身没有电气属性；导线则能够实现焊盘之间的电气连接。

3. 焊盘

焊盘的作用是安装元器件时用于焊接元器件的引脚，并实现导线和元器件引脚的电气连接。Protel DXP 2004 SP2 软件的元器件库中给出了一系列大小和形状不同的焊盘，如圆形、方形、八角形等。选择元器件焊盘的类型必须综合考虑该元器件的形状、大小、布置形式、振动和受热情况、受力方向等因素。在必要时可以使焊盘长和宽的尺寸不一样，这样又衍

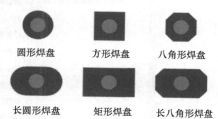

图 5-4　插入式焊盘类型

生出长圆形、矩形和长八角形焊盘。各种不同类型的插入式焊盘形状如图 5-4 所示。对于发热严重、受力较大的焊盘，在设计电路板时应添加泪滴。各元器件焊盘孔的大小要按照元器件引脚的粗细分别编辑确定，原则是孔的尺寸比引脚直径大 0.2 ~ 0.4mm。

4. 过孔

为了连接不同板层之间的导线，在各层需要连通的导线交汇处钻一个公共孔，这就是过孔。过孔可分为三类，即通孔、盲孔和埋过孔。通孔穿透整个电路板的所有板层，可用于实现顶层和底层的电气连接或作为元器件的安装定位孔。通孔在工艺上易于实现，成本较低，在电路板中使用最广泛。盲孔位于印制电路板顶层或底层表面，用于实现电路板表层导线和某一个内层导线的连接。埋过孔位于印制电路板的内部，用于实现两个内层导线电气连接，它不会延伸到电路板的表面。过孔的数量一般应尽量少，另外，印制电路板载流量大的地方，过孔的尺寸也越大。

5.1.4　创建 PCB 文件的方法

1. 通过手动方式创建 PCB 文件

（1）利用菜单创建 PCB 文件　执行菜单命令【文件】→【创建】→【PCB 文件】，如图 5-5所示，新建一个 PCB 文件。

（2）利用快捷菜单创建 PCB 文件

在项目面板的项目名称上，单击鼠标右键，在弹出的快捷菜单中选择"追加新文件到项目中"命令，然后选择 PCB，如图 5-6 所示，新建一个 PCB 文件。

（3）利用工作面板创建 PCB 文件

打开 File 面板，在面板的"新建"一栏中选择 PCB File，如图 5-7 所示，新建一个 PCB 文件。

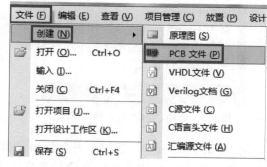

图 5-5　利用菜单创建 PCB 文件

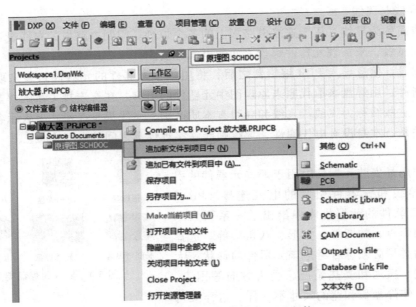

图 5-6　利用快捷菜单创建 PCB 文件

2. 通过向导生成 PCB 文件

除了手动创建 PCB 文件之外，还可以使用 PCB 向导
来创建。这种方法，在创建 PCB 的过程中，还可同时完成
PCB 物理边界、电气边界的规划，板层和一些布线规则的
设置。

1）选择 File 工作面板，在面板的"根据模板新建"
一栏中选择 PCB Board Wizard，如图 5-8 所示，系统将启动
"PCB 板向导"，如图 5-9 所示。

图 5-7　利用 Files 面
板创建 PCB 文件

图 5-8　启动"PCB 板向导"方法

图 5-9　"PCB 板向导"

2）单击"下一步"按钮，将会弹出"选择电路板单位"对话框，如图 5-10 所示。在
该对话框中可以选择 PCB 图元和坐标系统使用的度量单位，默认单位为英制 mil。可以选择
的单位有英制和公制，两种度量单位之间的转换关系为：

$$1in(英寸)=1000mil(密耳)\approx 2.54cm(厘米)=25.4mm(毫米)$$

3）单击【下一步】按钮，弹出"选择电路板配置文件"对话框，如图 5-11 所示，根据预定义的标准配置文件选择一个明确的电路板类型或选择自定义。

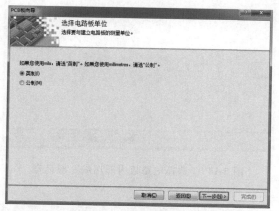

图 5-10 "选择电路板单位"对话框

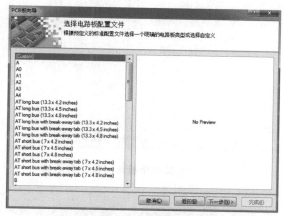

图 5-11 "选择电路板配置文件"对话框

4）单击【下一步】按钮，将会弹出"选择电路板详情"对话框，如图 5-12 所示。

"轮廓形状"用于设置电路板的形状，有矩形、圆形、自定义 3 种。

"电路板尺寸"用于设置电路板大小。

"放置尺寸于此层"用于设置尺寸标注放置在哪一层，共有 16 个机械层可供选择，若设计双面板只需使用默认选项，即选择 "Mechanical Layer 1"。

"禁止布线区与板子边沿的距离"用于设置从电路板的边沿到可布线区域之间距离，即物理边界到电气边界之间的距离，两者之间区域禁止布线，默认值为 50mil。

图 5-12 "选择电路板详情"对话框

"角切除"项仅对选择 PCB 外形为矩形时才有效。选中该项则矩形 PCB 的 4 个角将被切除。截去的尺寸可以在单击"下一步"按钮后，从弹出的"选择电路板角切除"对话框中进行设置，如图 5-13 所示。

"内部切除"项仅对 PCB 板外形为矩形时才有效。选中该项则矩形 PCB 的内部将挖去一个小矩形。截去的尺寸可以在单击"下一步"按钮后，从弹出的"选择电路板内部切除"对话框中进行设置，如图 5-14 所示。

5）单击"下一步"按钮，弹出"选择电路板层"对话框，如图 5-15 所示，用于设置信号层数和内部电源层数。

6）单击"下一步"按钮，弹出"选择过孔风格"对话框，如图 5-16 所示。在对话框中有 2 种过孔风格可供选择：通孔、盲孔或埋过孔。

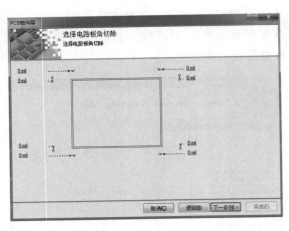

图 5-13 "选择电路板角切除"对话框

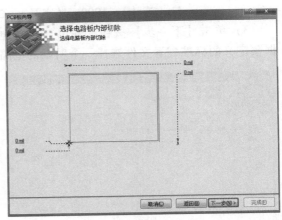

图 5-14 "选择电路板内部切除"对话框

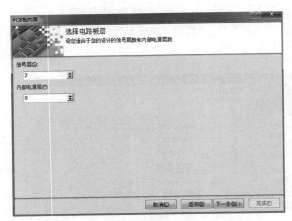

图 5-15 "选择电路板层"对话框

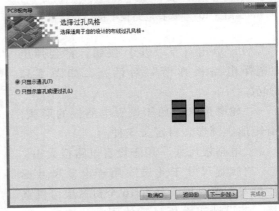

图 5-16 "选择过孔风格"对话框

7）单击"下一步"按钮，弹出"选择元件和布线逻辑"对话框，如图5-17所示。

元器件类型设置有两个选项可供选择：表面贴装元器件和通孔元器件。如果电路板上的元器件以表面贴装元器件为主，此处选择"表面贴装元器件"，下面还需要选择"是否将元器件放置在板的两面上？"，选择"是"，则在PCB板的上下两面都放置元器件。如果电路板上的元器件以直插式元器件为主，此处选择"通孔元件"，会弹出如图5-18所示对话框。在该对话框中，要求设置相邻两焊盘之间允许经过的导线数目。

8）单击"下一步"按钮，将会弹出"选择默认导线和过孔尺寸"对话框，如图5-19所示。"最小导线尺寸"用于设置

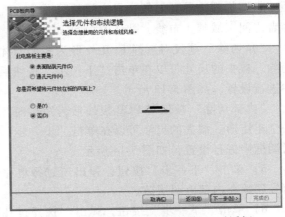

图 5-17 "选择元件和布线逻辑"对话框

允许导线的最小宽度；"最小过孔宽"用于设置允许过孔的最小外径；"最小过孔孔径"用于设置过孔的最小内径；"最小间隔"用于设置相邻导线之间的安全距离。

9）单击"下一步"按钮，将会弹出 PCB 向导设置完成对话框，如图 5-20 所示。

10）单击"完成"按钮，将会启动 PCB 编辑器，新建的 PCB 文件将被默认命名为 PCB1. PcbDoc，PCB 编辑区中会出现设定好的空白 PCB 图纸，如图 5-21 所示。

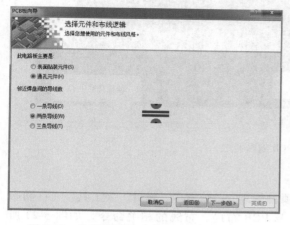

图 5-18　选择"通孔元件"后弹出的对话框

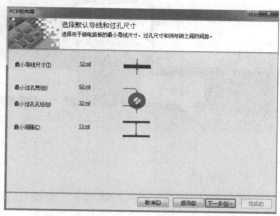

图 5-19　"选择默认导线和过孔尺寸"对话框

图 5-20　PCB 向导设置完成对话框

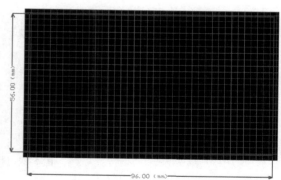

图 5-21　利用向导生成新的空白 PCB 图纸

5.2　设置 PCB 工作环境参数

5.2.1　PCB 编辑器界面介绍

在创建或打开一个 PCB 文件的同时，系统会自动进入 PCB 设计环境。如图 5-22 所示，PCB 编辑器由菜单栏、工具栏、PCB 面板，工作区、面板管理中心以及状态栏、板层选项卡区等组成。

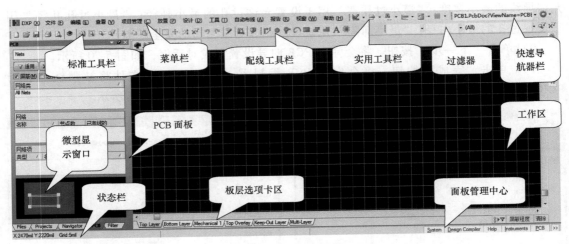

图 5-22   PCB 编辑器

1. 菜单栏

菜单栏中有"文件""编辑""查看""项目管理""放置""设计""工具""自动布线""报告"等菜单，存放有关于文件操作以及 PCB 布局、布线的相关命令，如图 5-23 所示。其中，自动布线菜单是 PCB 编辑器所独有的。

图 5-23   菜单栏

2. 工具栏

有标准工具栏、配线工具栏、实用工具栏、过滤器和快速导航器等。

（1）标准工具栏

标准工具栏可用于文件操作，画面操作，以及图件的剪切、复制、粘贴、选择、移动等操作，如图 5-24 所示。

图 5-24   标准工具栏

（2）配线工具栏

配线工具栏用于放置导线、焊盘、过孔、圆弧、矩形填充、铜区域、覆铜等，此外还可以放置元器件、字符串等，如图 5-25 所示。

（3）实用工具栏

实用工具栏有六个子工具栏，分别是绘图子工具栏、调准子工具栏、查找选择子工具栏、放置尺寸子工具栏、放置 Room 空间子工具栏和网格设置子工具栏，如图 5-26 所示。

图 5-25   配线工具栏    图 5-26   实用工具栏

（4）过滤器

过滤器如图 5-27 所示，它可用于快速查看网络和元器件。在左边的过滤网络窗口选中某个网络后，该网络将高亮显示在工作区中；在中间的过滤元器件窗口选中某个元器件后，该元器件将高亮显示在工作区中；在右边窗口可选择过滤器；单击 按钮，被选中的网络或元器件，将被最大化显示在工作区中；单击 按钮，将清除过滤状态，恢复正常的显示状态。

图 5-27　过滤器

（5）快速导航器

快速导航器如图 5-28 所示。在进行 PCB 编辑时，各种操作都会被记录下来，通过它可以找到以前的操作画面。

图 5-28　快速导航器

3. PCB 面板

大部分工作面板与前面的原理图编辑器的相同，其中 PCB 面板是 PCB 编辑器独有的工作面板，面板上有 Nets、Components、Rules、From-To Editor 和 Split Plane Editor 等 5 项及一些按钮和复选项，可以按照网络、元器件、规则等对 PCB 进行浏览和编辑；还可以进入 From-To Editor（From-To 编辑器）和 Split Plane Editor（分离内电层编辑器）进行编辑。

如图 5-29 所示为分别选择 Nets（网络）、Components（元器件）和 Rules（规则）时的 PCB 面板。在 PCB 面板上选中各种对象后，这些对象将在工作区高亮显示出来。在 PCB 面板的下方有一个微型窗口，该窗口显示 PCB 在工作区中的位置示意图，将鼠标光标放在微型窗口的白色矩形框上，按住鼠标左键拖动，可以移动工作区中的 PCB。

4. 状态栏和命令状态行

用于显示当前光标在工作区的坐标和捕获网格的大小。其中工作区的坐标原点在工作区的左下角。执行菜单命令：【查看】→【状态栏】，可以打开或关闭状态栏；执行菜单命令：【查看】→【显示命令行】，可以打开或关闭命令状态行。

5. 面板管理中心

用于开启或关闭各种工作面板。当用户不小心搞乱了工作面板时，通过执行菜单命令：【查看】→【桌面布局】→【Default】，即可恢复初始界面。

6. 工作区

工作区是进行 PCB 设计的地方，所有设计工作都在这里进行。

7. 板层选项卡区

在工作区的下方有一些标签，这些标签就是 PCB 的板层选项卡。在 PCB 中，各种图件都是分层放置的，要在某一个层放置一个图件，首先要单击该层的板层选项卡，将其切换为当前层。初学者往往会在这一点上犯错，应特别注意。

网络

元器件

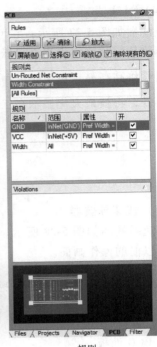
规则

图 5-29　PCB 面板

5.2.2　设置 PCB 工作环境参数

　　在进行 PCB 设计之前，应先对 PCB 整个编辑环境的相关参数进行设置，以使 PCB 设计工作更加便捷和高效。Protel DXP 2004 SP2 环境参数设置主要集中在"优先设定"和"PCB 板选项卡"对话框里面。

　　1. 设置 PCB 坐标系统

　　PCB 坐标系统是 PCB 上各图元布局、元器件放置和 PCB 布线位置坐标的参照依据，空闲状态下光标在编辑区内移动，在界面左下角的状态栏内会显示当前坐标值，如图 5-30 所示，该值就是相对于 PCB 坐标系统原点的坐标值。

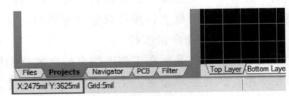

图 5-30　状态栏显示的坐标

　　（1）坐标单位的切换

　　Protel DXP 2004 SP2 PCB 编辑器默认的坐标显示单位为英制 mil。执行【查看】→【切换单位】菜单命令或直接按快捷键 "Q" 可在英制 mil 和公制 mm 单位之间切换。

　　（2）坐标原点的设定

　　PCB 坐标系统原点可根据需要重新设定，设定过程如下：

　　1）执行【编辑】→【原点】→【设定】菜单命令或单击【实用工具】栏选择【设定原点】按钮🔲，如图 5-31 所示，此时可看到光标变成十字形待设定状态。

2）将光标移动到 PCB 编辑区内准备作坐标原点的位置，然后单击鼠标左键或直接按 Enter 键即可看到界面上出现坐标原点图标，如图 5-32 所示。

图 5-31　工具栏设定原点

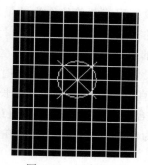

图 5-32　原点标记

3）当要取消设定的新参考坐标原点时，可执行【编辑】→【原点】→【重置】菜单命令，则参考坐标原点将恢复到系统默认状态。

（3）坐标原点的显示

系统默认的坐标原点是不显示的，如果要显示坐标原点，可按下述方法设置：

1）选择菜单【DXP】→【优先设定】或在 PCB 编辑区单击鼠标右键，从弹出的快捷菜单中选择【选择项】→【优先设定】命令。

2）从弹出的"优先设定"对话框中选择【Protel PCB】→【Display】，然后在窗口右部"表示"区域选择复选框☑**原点标记**，如图 5-33 所示。

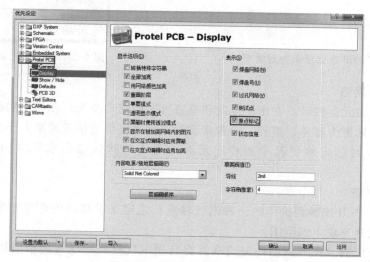

图 5-33　"优先设定"对话框

2. 设置 PCB 选择项

执行菜单命令【文件】→【设计】→【PCB 板选择项】，打开"PCB 板选择项"对话框，如图 5-34 所示。

（1）测量单位

用于设置在 PCB 中的计量单位，有公制（Metric）和英制（Imperial）两种单位可选，其中公制的基本单位为 mm，英制的基本单位为 mil。由于元器件封装的参数多数为英制单位 mil 的整数值，例如 DIP（双列直插式）封装的焊盘间距为 100mil，所以为了 PCB 设计的方便，一般选用英制单位作为计量单位。测量单位的切换最常用、方便的操作方法是通过按下键盘上的"Q"键来实现。

（2）捕获网格

用于设置系统处于命令状态时，十字光标在工作区的移动步长，可分别设置水平方向（X）和垂直方向（Y）的移动步长值。一般来说，将水平和垂直的移动步长值设置为 5 或 10mil 比较合适。更改捕获网格值最常用的方法是通过实用工具栏的网格子工具栏来实现，具体操作为单击网格子工具栏，在弹出的菜单中选择或设置，如图 5-35 所示。

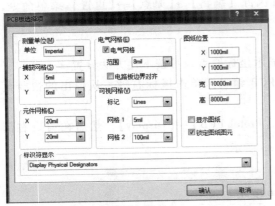

图 5-34 "PCB 板选择项"对话框

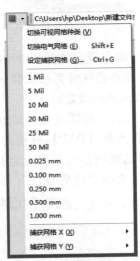

图 5-35 网格子工具栏

（3）元器件网格

用于设置移动元器件时，在水平方向和垂直方向的移动步长。元器件网格设置合适，可以使元器件的排列更为容易、整齐。一般来说元器件网格值应接近或略大于捕获网格值，这样可使手工布线时的走线更易于操作。元器件网格的默认值在水平方向和垂直方向都为 20mil。

（4）电气网格

电气网格是 PCB 编辑器提供的一种电气格点，它定义了移动的电气对象能够作用于或者跳动到其他电气对象上的范围。

选中该选项区的"电气网格"复选项，将启用电气网格。电气网格启用后，在 PCB 上进行布线时，鼠标光标会自动搜寻周围的电气节点，例如导线、焊盘、过孔等，当在它的搜寻范围内出现电气节点时，鼠标光标会自动跳到该节点上。它的搜寻范围在"范围"窗口中设置，单位为 mil。在设计 PCB 时，最好启用电气网格，且将电气网格值设置得比捕获网格值略小一点。这样在布线时，十字光标会自动搜寻周围电气节点，既可提高布线效率，又可避免导线虚接。另外，电气网格值和捕获网格值应小于元器件封装的焊盘间距，否则会给用户布线带来不必要的麻烦。

（5）可视网格

可视网格是 PCB 上提供给用户的，作为视觉参考的网格线或网格点。在该选项区的"标记"窗口可选择可视网格的类型，有 Dots（点状）和 Lines（线状）两种类型。

在 PCB 上最多可以设置两个可视网格，分别是可视网格 1 和可视网格 2，在它们右边的下拉列表中可设置网格的大小。网络 1 和网络 2 分别设置不同画面放大倍数下的网络大小，因为网络 1 一般在高放大倍数下显示，而网络 2 是在低放大倍数下才显示出来。

网格是否可见可通过选择菜单【设计】→【PCB 板层次颜色】，也可直接按"L"键，打开"板层和颜色"对话框，在其右下部的"系统颜色"区域中"Visible Grid1""Visible Grid2"行后的"表示"复选框进行设置，如图 5-36 所示。

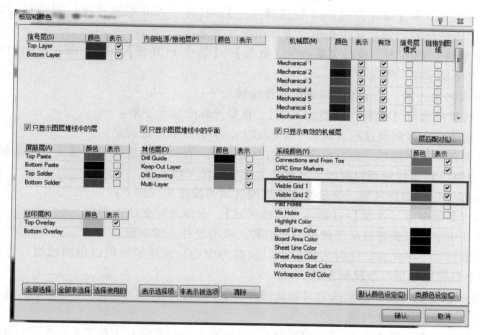

图 5-36 "板层和颜色"对话框

（6）图纸位置

该选项区用于设置图纸在工作区中的位置和大小。图纸位置坐标 X、Y 是指图纸的左下角在坐标系统的位置坐标值。"显示图纸"复选框可设置是否显示图纸页面，选中该复选框，则表示要显示图纸，否则只显示 PCB 部分。选中"锁定图纸图元"复选框，可锁定图纸图元。

5.2.3 画面的缩放与移动

1. 画面的缩放

（1）用"Ctrl"键+鼠标滚轮缩放画面

按住"Ctrl"键，将鼠标滚轮往前推，光标所在位置不动，画面放大；将鼠标滚轮往后拉，光标所在位置不动，画面缩小。

（2）用快捷键缩放画面

将鼠标光标放在工作区中，按下键盘上的 PageUp 键，则光标所在位置不动，画面放大；按下键盘上的 PageDown 键，则光标所在位置不动，画面缩小。如果同时按下 Shift 键，将降低缩放比例，称为精缩放；反之，如果同时按下 Ctrl 键，将增大缩放比例，称为粗缩放。

（3）使用菜单命令缩放画面

1）显示整个文件。执行菜单命令【查看】→【整个文件】，整个 PCB 文件的所有图件将最大化显示在工作区中，这些图件包括 PCB 图、标题栏、尺寸标注安装孔等。

2）显示整张图纸。执行菜单命令【查看】→【整张图纸】，整个图纸页面将最大化显示在工作区中。需要说明的是，建立了 PCB 文件后，默认不显示图纸，要在工作区中显示图纸，可执行菜单命令【设计】→【PCB 板选择项…】，打开"PCB 板选择项"对话框，在该对话框的"图纸位置"选项区中选中"显示图纸"复选项。

3）显示整个 PCB 图。执行菜单命令【查看】→【整个 PCB 板】，整个 PCB 图中的所有图件将最大化显示在工作区中。

4）显示指定区域。显示指定区域的操作步骤如下：

① 执行菜单命令【查看】→【指定区域】，鼠标光标变成十字形。

② 移动十字光标到要显示区域的一个顶点上，单击鼠标左键确定。

③ 继续移动十字光标，此时出现一个白色虚线框，在白色虚线框包围整个目标区域后，单击鼠标左键，则虚线框所包围的区域将最大化显示在工作区中。

5）显示指定点周围区域。显示指定点周围区域的操作步骤如下：

① 执行菜单命令【查看】→【指定点周围区域】，鼠标光标变成十字形。

② 移动十字光标到要显示区域的中心位置，单击鼠标左键确定。

③ 继续移动十字光标，此时出现一个以该点为中心、向外扩展的白色虚线框，在虚线框包围整个目标区域后单击鼠标左键。

6）显示选定的对象。显示选定对象的操作步骤如下：

① 选中要显示的全部对象。

② 执行菜单命令【查看】→【选定对象】，则被选中的对象将最大化显示在工作区中。

7）显示过滤器指定的对象。显示过滤器指定对象的操作步骤如下：

① 利用过滤器选择对象。

② 执行菜单命令【查看】→【过滤对象】，则过滤器中选择的对象将最大化显示在工作区中。

8）全屏显示。执行菜单命令【查看】→【全屏显示】，工作区将处于全屏显示状态，此时编辑器上的所有工作面板都被关闭。若要恢复原来显示状态，只需再次执行该菜单命令即可。

（4）使用工具栏工具缩放图形

在标准工具栏上有四个缩放工具，如图 5-37 所示。它们的作用及说明如下：

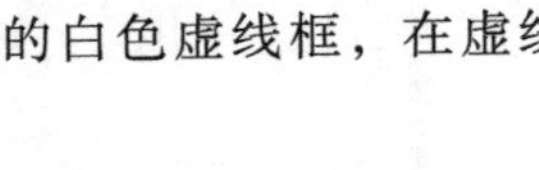

1） 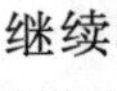 工具。该工具用于将整个 PCB 的所有图件最大化显示在工作区中，与菜单命令【查看】→【整个文件】作用相同。

图 5-37　缩放工具

2） 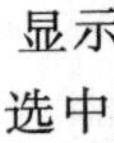 工具。该工具用于显示指定区域，它的作用和操作过程都与菜单命令【查看】→【指定区域】相同。

3)工具。该工具用于显示选中的对象，它的作用和操作过程都与菜单命令【查看】→【选定对象】相同。

4)工具。该工具用于显示过滤器指定的对象，它的作用和操作过程都与菜单命令【查看】→【过滤对象】相同。

2. 画面的移动

（1）用游标手移动画面

将鼠标光标放在工作区中，按住鼠标右键不放，在光标变成一个手形符号后拖动鼠标，画面将随之移动。这种操作方法可向任意方向移动画面，操作简单，是最常用的移动画面方法。

（2）用鼠标滚轮移动画面

1）将鼠标滚轮往前推，画面下移；将滚轮往后拉，画面上移。

2）按下键盘上的 Shift 键，将鼠标滚轮往前推，画面右移；将滚轮往后拉，画面左移。

（3）用键盘上的方向键移动画面

1）按下键盘上的"←"键，画面右移。

2）按下键盘上的"→"键，画面左移。

3）按下键盘上的"↑"键，画面下移。

4）按下键盘上的"↓"键，画面上移。

如果同时按下键盘上的 Shift 键，将加快移动速度。

（4）使用快捷键 Home 移动画面

每按一次 Home 键，鼠标光标所在位置被移动到工作区的中间。

（5）使用滚动条移动画面

将鼠标光标放在滚动条上，拖动鼠标，即可上下或左右移动画面。

（6）利用 PCB 面板的微型窗口移动画面

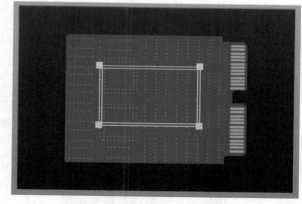

图 5-38　PCB 面板的微型窗口

在 PCB 面板的下方有一个微型窗口，该窗口显示 PCB 图的形状示意图，在窗口中有白色的方块，如图 5-38 所示。将鼠标光标放在白色方块上，按住鼠标左键不放，拖动鼠标，工作区中的画面随之移动。

5.3　设计 PCB 板层

利用菜单或工作面板手动创建的 PCB 板，默认打开以下板层：两个信号层（Top Layer、Bottom Layer）、一个机械层（Mechanical Layer）、一个丝印层（Top Overlay）、禁止布线层（Keet-Out Layer）和多层（Multi-Layer），如图 5-39 所示。通过"图层堆栈管理器"以及"板层和颜色"对话框，可调整板层结构。

图 5-39　PCB 板层选项卡区

5.3.1　设置信号层和内电层

执行菜单命令【设计】→【层堆栈管理器】；或在工作区单击鼠标右键，执行弹出的菜单命令【选择项】→【层堆栈管理器】，可以打开"图层堆栈管理器"对话框，如图 5-40 所示。

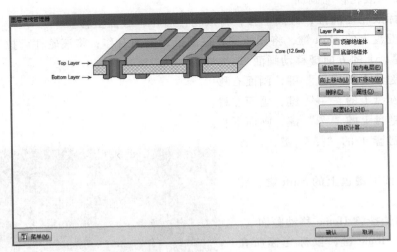

图 5-40　"图层堆栈管理器"对话框

（1）设置信号层

在对话框的示意图中选中一个层作为参考层，然后单击"追加层"按钮，将在参考层下方添加一个信号层；如果参考层为底层，则在其上方添加一个信号层。添加的信号层从中间层 1（Mid Layer 1）开始，最多可添加 30 个中间层。

（2）添加内部电源/接地层

在对话框的示意图中选中一个层作为参考层，然后单击"加内电层"按钮，将在参考层下方添加一个内部电源/接地层（简称内电层）；如果参考层为底层，则在其上方添加一个内电层。添加的内电层从内电层 1（Internal Plane 1）开始，最多可添加 16 个内电层。

5.3.2　设置板层和颜色

添加了信号层和内电层后，并没有马上在工作区中显示出这些板层，还需要在"板层和颜色"对话框中进行设置。

执行下面操作，都可以打开"板层和颜色"对话框，如图 5-41 所示。

1）按下快捷键"L"。

2）执行菜单命令【设计】→【PCB 板层次颜色…】。

3）在工作区中单击鼠标右键，执行弹出的菜单命令【选择项】→【PCB 板层次颜色…】。

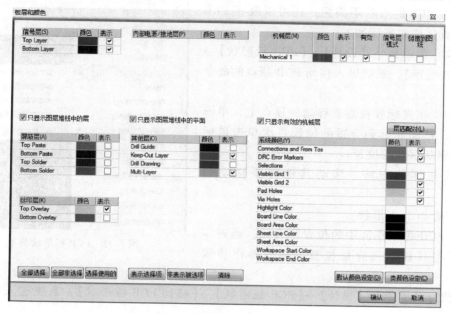

图 5-41 "板层和颜色"对话框

该对话框包括层面颜色设置和系统颜色设置两个部分，其中层面颜色设置包括信号层、内部电源/接地层、机械层、屏蔽层、丝印层和其他层六个选项区。选中各个板层后面的"表示"复选项，该板层将被称为可用层，在工作区中将出现相应的选项卡。

5.4 定义 PCB 边界

5.4.1 设置 PCB 物理边界

PCB 的物理边界就是 PCB 的外形轮廓。在 PCB 编辑器中，选择【设计】→【PCB 板形状】菜单，弹出编辑"PCB 板形状"的菜单选项，如图 5-42 所示。该菜单给出了各种设定 PCB 物理边界的方法。

1. 重定义 PCB 板形状

利用菜单命令或工作面板手动创建一个 PCB 文件后，会产生一个默认的带有网格的黑色矩形区域，这个矩形就是初始的 PCB 的物理边界。如果设计者对这个边界形状不满意，可以重新定义。具体步骤如下：

1）执行菜单命令【设计】→【PCB 板形状】→【重定义 PCB 板形状】，系统进入重定义 PCB 形状的命令状态，此时工作区的背景变成黑色，而初始的 PCB 物理边界内变成绿色，光标变成十字形。

2）移动十字光标到工作区的合适位置，单击鼠标左键，逐一确定 PCB 物理边界的各个顶点，按空格键可以改变边界的拐角形式。通过窗口底部左下角状态栏显示的坐标值可以确定 PCB 的位置与尺寸。

3）当 PCB 物理边界各点确定以后，按鼠标右键或<Esc>键结束。

2. 移动 PCB 板顶

如果对 PCB 的形状不满意，还可以改变 PCB 的形状，具体操作步骤如下：

1）执行菜单命令【设计】→【PCB 板形状】→【移动 PCB 板顶】，系统进入移动 PCB 顶点的命令状态。

2）将十字光标放在需要移动的顶点上，单击鼠标左键，移动光标到合适的位置再次单击鼠标左键，确定新顶点的位置。

3）用同样的方法，移动其他需要移动的顶点。

3. 移动 PCB 板形状

如果 PCB 在工作区中的位置不合适，通过本命令，可将其移动到合适位置。具体操作步骤如下：

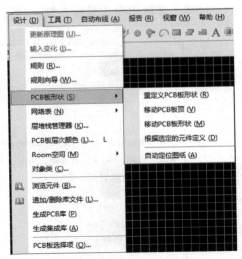

图 5-42　PCB 板形状菜单

1）执行菜单命令【设计】→【PCB 板形状】→【移动 PCB 板形状】，系统进入移动 PCB 的命令状态。

2）移动十字光标到工作区的合适位置，单击鼠标左键，确定 PCB 的新位置。

5.4.2　设定 PCB 的电气边界

PCB 的电气边界用来限定自动布局和布线的范围，它是通过在禁止布线层（Keep-Out Layer）上绘制边界线来实现的。在系统自动布局和布线之前，必须事先在 PCB 上设定电气边界。手工设定 PCB 电气边界的步骤如下：

1）单击工作区下方的【Keep-Out Layer】板层选项卡，将禁止布线层切换为当前层。

2）执行菜单命令【放置】→【禁止布线区】→【导线】，进入放置直线的命令状态。

3）移动十字光标到合适位置，单击鼠标左键，确定电气边界的起点。

4）移动十字光标到其他合适位置，单击鼠标左键，确定电气边界的其他顶点。

5）单击鼠标右键或按下键盘上的<Esc>键，退出放置直线的命令状态。

如果电气边界中有弧线，可使用前面"禁止布线区"菜单中的画弧线命令进行绘制，但同样地，必须将弧线放置在禁止布线层上。

5.5　加载元器件封装库与导入网络表

5.5.1　加载元器件封装库

加载元器件封装库是指将 PCB 上元器件所在的封装库加载到已安装元件库列表中，如图 5-43 所示。

如果知道元器件封装库的名字及存储位置，可以单击元件库面板上方的"元件库"按钮，打开"可用元件库"对话框。在"可用元件库"对话框上方选择"安装"标签，然后单击对话框右下角的"安装"按钮，这时会弹出"打开"对话框，从路径中选择要安装的封装库，然后单击"打开"按钮，这时选中的集成库就安装到已安装元件库列表中了，如

图 5-44 所示。

如果只知道元器件封装的名字或是元器件的名字，可以单击"元件库"面板上的"查找"标签，如图 5-45 所示，在弹出的"元件库查找"对话框中输入元器件的名称或是元件封装名称，在范围处选择"路径中的库"，然后单击"查找"按钮，如图 5-46 所示。查找完成后，单击元件库面板右上角的"放置"按钮，这时会弹出"放置元件"对话框，单击"确认"按钮，则该元器件所在的封装库就加载到已安装元件库列表中了。

图 5-43 已安装元件库列表

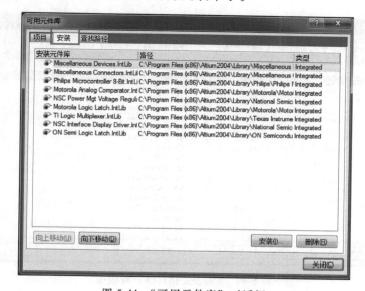

图 5-44 "可用元件库"对话框

图 5-45 "元件库"面板

图 5-46 "元件库查找"对话框

5.5.2 导入网络表

导入网络表实际上就是将原理图中的数据导入印制电路板设计系统中，Protel DXP 2004 SP2 提供了从原理图到 PCB 自动更新功能，它集成在项目设计更新管理器中。

（1）方法一

打开原理图文件，执行菜单命令【设计】→【Update PCB Documemt ＊＊＊.PcbDoc】，菜单命令中的"＊＊＊"是目标 PCB 的文件名。

执行操作后，将弹出"工程变化订单"对话框，如图 5-47 所示。该对话框显示了本次更新设计的对象和内容。对话框中显示的"受影响对象"一般有元器件、网络和 Room 空间等。在对话框中选择某一更新行为前面的"有效"复选框，则在执行变化时，该行为将被执行；否则，将不执行该行为。对各项变化进行检查后，如果出现错误信息，不应执行变化，而应根据"消息"列中的提示信息，排除错误，然后重复前面的操作，直到每一项变化都通过检查，再执行变化。否则，将会由于某些更新无法进行，而造成丢失元器件或网络。

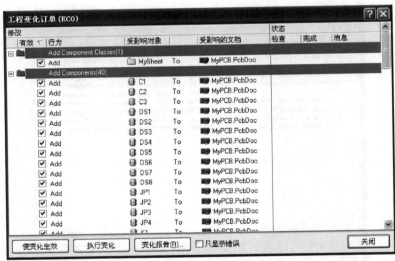

图 5-47 "工程变化订单"对话框

（2）方法二

打开 PCB 文件，执行菜单命令【设计】→【Import Change From ＊＊＊.PrjPCB】，菜单命令中的"＊＊＊"是项目文件名。

5.6 PCB 图布局

导入网络表后，需要对元器件进行布局。元器件布局就是将元器件在 PCB 上摆放好。元器件布局有自动布局和手工布局两种方式。自动布局是根据电路的具体情况和设计要求，设置好自动布局约束参数之后，运行系统自动布局功能，对 PCB 上的元器件进行布局。手工布局则是由用户根据电路的具体情况和设计经验，手动将元器件在 PCB 上摆放好。一般来说，自动布局很难达到令人满意的结果，往往还需要用户进行手动调整，如果 PCB 的元器件比较多，可采用这种方法；而在元器件比较少的时候，直接采用手工布局。

5.6.1 自动布局

在执行自动布局之前，需要先设置自动布局约束参数，锁定核心元器件或有特别要求的元器件。一般情况下，自动布局要经过以下几个步骤：

1. 设置自动布局约束参数

自动布局约束参数的设置在 PCB 规则和约束编辑器中进行。执行菜单命令【设计】→【规则】，将弹出 "PCB 规则和约束编辑器" 对话框，如图 5-48 所示。对话框左边窗口中的 "Placement" 就是用来设置 PCB 布局约束参数的。单击其前面的 "田"，可将其展开，如图 5-49 所示。

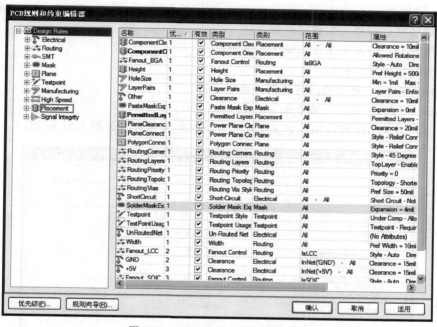

图 5-48　PCB 规则和约束编辑器 1

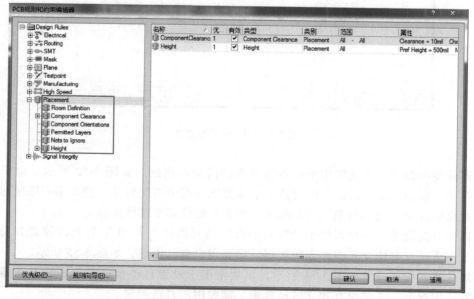

图 5-49　PCB 规则和约束编辑器 2

PCB 布局约束参数有 Room Defination（Room 空间定义）、Component Clearance（元器件间距设置）、Component Orientations（元器件方向设置）、Permitted Layers（元器件放置板层设置）、Nets To Ignore（可忽略网络设置）和 Height（元器件高度设置）6 种。

将光标放在某一项上单击鼠标右键，将弹出一个右键菜单，如图 5-50 所示。

图 5-50　规则右键菜单

1）新建规则：新建一个设计规则。

2）删除规则：删除用鼠标右键单击的规则。

3）报告：生成规则报告。

4）Export Rules：将当前设计规则导出保存。

5）Import Rules：导入已建立的设计规则。

Room 空间定义，该规则用于定义 Room 空间的相关参数，如图 5-51 所示。

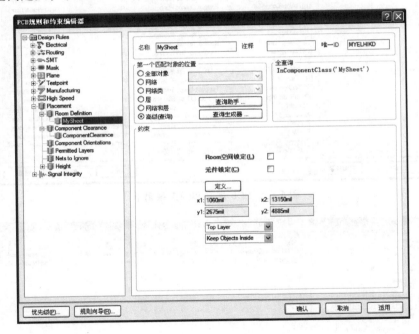

图 5-51　Room 空间定义

元器件间距设置，该规则用于设置元器件间的最小间距，如图 5-52 所示。由于间距是相对于两个对象而言的，所以在该对话框中需要选择两个匹配对象。例如第一匹配对象和第二匹配对象都选择"全部对象"，则 PCB 上所有元器件都使用该规则。

元器件方向设置，该规则用于设置自动布局时元器件在 PCB 上的允许放置方向。在默认情况下，系统没有建立元器件方向规则，需要用户自己创建，如图 5-53 所示。

元器件放置板层设置如图 5-54 所示，该规则用于设置自动布局时允许放置元器件的板层。在默认情况下，系统没有建立这种规则，需要用户自己创建。

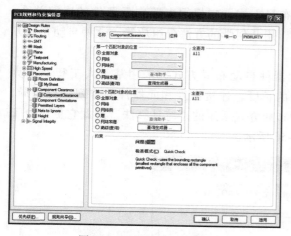

图 5-52　元器件间距设置

图 5-53　元器件方向设置

2. 锁定关键元器件

在执行自动布局之前，对于电路中的核心元器件，或者对位置有特殊要求的元器件，可先将其在 PCB 上放置好，并将其设置为锁定状态。这样，在自动布局时，这些被锁定的关键元器件将保留在原来位置，不会被移动。锁定关键元器件的操作过程如下：

1）将关键元器件在 PCB 上摆放好。

2）依次双击各个关键元器件，打开其属性对话框，在对话框的元器件属性选项区中选中"锁定"复选项。

3）执行菜单命令【工具】→【优先设定】，

图 5-54　元器件放置板层设置

打开 PCB 优先设定对话框中的"General"设置页，选中编辑选项区中的"保护被锁对象"复选框。

3. 执行自动布局

执行菜单命令【工具】→【放置元件】→【自动布局】或按下快捷键"T+L+A"，将打开自动布局对话框，如图 5-55 所示。

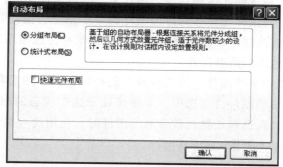

图 5-55　自动布局对话框

　　"分组布局"是一种基于组的元器件自动布局方式，它根据电路中元器件的连接关系，将其分为若干组；然后根据元器件的几何图形，用几何学的方法分组放置。这种自动布局方法适用于元件数量比较少（少于100）的情况。

　　"统计式布局"是一种基于统计算法的元器件自动布局方式，采用基于人工智能的算法，通过分析整个设计图形，同时考虑连接线的长度、连接密度和元器件的排列进行布局，目的是使元器件之间的连接线最短。由于这种布局方式采用的是统计算法，因此它更适合于元件数量较多的情况。自动布局对话框如图5-56所示。

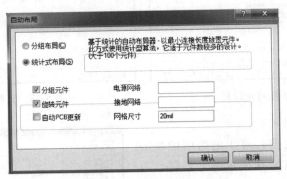

图5-56　"自动布局"对话框

　　自动布局需要一些时间，如果在等待期间想停止自动布局，可执行菜单命令【工具】→【放置元件】→【停止自动布局器】或按下快捷键"T+L+S"，弹出"停止自动布局"对话框供用户确认，如图5-57所示。

5.6.2　手工调整布局

　　自动布局后的元器件位置通常非常零乱，结果并不令人满意。因此还需要对布局的结果进行局部调整，即采用手工布局。手工布局时需要使用图形的选择、移动、旋转、翻转、排列工具。

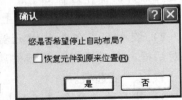

图5-57　停止自动布局确认框

　　1. 图形的选择

　　在PCB设计过程中，经常要对某些图件进行选择操作，被选中的图件将高亮显示。常用的选择操作有如下几种：

　　（1）直接用鼠标选择图件

　　1）选择单个图件。将鼠标光标移到待选图件上，单击鼠标左键，即可选中该图件。

　　2）选择多个图件。将鼠标光标移到待选图件的一个角上，按住鼠标左键不放，拖动鼠标，此时出现一个白色虚线框，在白色虚线框完全包围所有待选图件后松开鼠标左键，即可选中被白色虚线框完全包围的所有图件。

　　3）使用切换选择选中多个图件。按住键盘上的<Shift>键，然后将光标移到图件上单击鼠标左键，则原来未选中的图件将被选中，而原来处于选中状态的图件将被撤销选中状态，这一操作称为切换选择。在选择放置比较分散的图件时，使用这一操作非常方便。

　　（2）使用标准工具栏的▢工具选择图件

　　单击标准工具栏上的▢工具，鼠标光标变成十字形，移动十字光标到待选图件的一个角上，单击鼠标左键确定，移动十字光标，此时出现一个白色虚线框，在白色虚线框包围所有待选图件后再次单击鼠标左键，即可选中被白色虚线框完全包围的所有图件。

（3）使用菜单命令或快捷键选择图件

1）选择区域内对象。

① 菜单命令：【编辑】→【选择】→【区域内对象】。

② 快捷键：E+S+I。

该命令跟前面使用选择工具　选择图件的操作过程和作用相同。

2）选择区域外对象。

① 菜单命令：【编辑】→【选择】→【区域外对象】。

② 快捷键：E+S+O。

进入命令状态后，鼠标光标变成十字形，移动十字光标到不希望选中图件的一个角上，单击鼠标左键确定；移动十字光标，此时出现一个白色虚线框，在白色虚线框完全包围所有不希望选中的图件后再次单击鼠标左键，即可选中被白色虚线框完全包围的图件之外的其他所有图件。

3）选择全部对象。

① 菜单命令：【编辑】→【选择】→【全部对象】。

② 快捷键：Ctrl+A 或 E+S+A。

执行操作后，工作区中的所有图件都将被选中。

4）选择 PCB 上的所有图件。

① 菜单命令：【编辑】→【选择】→【板上全部对象】。

② 快捷键：Ctrl+B 或 E+S+B。

执行操作后，PCB 边界内及边界上的所有图件都将被选中。

5）选择网络中对象。

① 菜单命令：【编辑】→【选择】→【网络中对象】。

② 快捷键：E+S+N。

进入命令状态后，鼠标光标变成十字形，移动十字光标到工作区中单击待选网络，或用十字光标单击空白处，在弹出的"Net Name"（网络名）对话框中输入待选网络的名称，如图 5-58 所示。单击【确认】按钮，即可选中该网络上的全部电气图件，包括导线、焊盘和过孔，但不包括覆铜。

6）选择连接的铜。

① 菜单命令：【编辑】→【选择】→【连接的铜】。

② 快捷键：Ctrl+H 或 E+S+P。

进入命令状态后，鼠标光标变成十字形，移动十字光标到工作区中单击某个电气图件，即可选中与该图件具有电气连接关系的其他所有电气图件，包括导线、焊盘和过孔、覆铜、铜区域和矩形填充等。

图 5-58　输入待选网络的名称

7）选择物理连接。

① 菜单命令：【编辑】→【选择】→【物理连接】。

② 快捷键：E+S+C。

PCB上的物理连接是指两个焊盘之间的电气连接，物理连接上的电气图件包括导线、焊盘、过孔等。执行上面操作，进入命令状态后鼠标光标变成十字形，移动十字光标到工作区中单击某一物理连接上的一个电气图件，如导线、焊盘或过孔等，即可选中该物理连接上的所有电气图件。

8）选择元器件的全部物理连接。菜单命令：【编辑】→【选择】→【元件连接】。

进入命令状态后，鼠标光标变成十字形，移动十字光标到工作区中单击目标元件，或用十字光标单击空白处，将弹出"Component Designator"（元器件编号）对话框，如图5-59所示，在该对话框中输入目标元器件的编号后，单击【确认】按钮，即可选中该元器件所有焊盘的物理连接。

9）选择连接到元器件上的全部网络。菜单命令：【编辑】→【选择】→【元件网络】。

进入命令状态后，鼠标光标变成十字形，移动十字光标到工作区中单击目标元件，或用十字光标单击空白处，也将弹出一个元器件编号对话框，在该对话框中输入目标元器件的编号后，单击【确认】按钮，即可选中连接到该元器件上的所有网络。

图5-59　输入目标元器件编号

10）选择Room中的连接。菜单命令：【编辑】→【选择】→【Room中的连接】。

进入命令状态后，鼠标光标变成十字形，用十字光标单击工作区中的某一个Room，即可选中完全处于Room中的所有连接导线。

11）选择当前层上的全部对象。

① 菜单命令：【编辑】→【选择】→【层上的全部对象】。

② 快捷键：E+S+Y。

执行操作后，当前层上的所有对象都处于选中状态。

12）选择当前文件上的所有独立图件。

① 菜单命令：【编辑】→【选择】→【自由对象】。

② 快捷键：E+S+F。

执行操作后，当前文件上的所有独立图件，如焊盘、过孔、导线、字符串等都处于选中状态，而组合图件，如元器件、尺寸标注、覆铜等不包括在内。

13）选择当前文件上所有被锁定的图件。

① 菜单命令：【编辑】→【选择】→【全部锁定对象】。

② 快捷键：E+S+K。

执行操作后，当前文件上所有被锁定的图件都处于选中状态。图件的锁定在其属性对话框中设置。

14）选择PCB上所有没对准网格的焊盘。

① 菜单命令：【编辑】→【选择】→【离开网格的焊盘】。

② 快捷键：E+S+G。

执行操作后，所有没对准网格的焊盘都处于选中状态。

15）切换选择

① 菜单命令：【编辑】→【选择】→【切换选择】。

② 快捷键：E+S+T。

进入命令状态后，鼠标光标变成十字形，用十字光标单击工作区中的某一图件，如果该图件原来未被选中，则处于选中状态；如果该图件原来已处于选中状态，则撤销其选中状态。

2. 取消图件的选中状态

（1）直接用鼠标撤销图件的选中状态

1）在被选中图件之外的地方单击鼠标左键，将撤销所有图件的选中状态。

2）按住键盘上的<Shift>键，将光标移到处于选中状态的图件上单击鼠标左键，可撤销该元器件的选中状态。

（2）使用工具栏工具撤销全部图件的选中状态

单击标准工具栏上的 ![tool] 工具，即可撤销工作区中所有被选中的图件的选中状态。

（3）使用菜单命令撤销图件的选中状态

在菜单【编辑】→【取消选择】下，有几个撤销选择的命令，如图 5-60 所示。通过这些命令，可撤销不同情况下图件的选中状态，其操作方法和相应的选择命令相似。

3. 图件的移动

（1）直接用鼠标移动图件

1）移动单个图件。将鼠标光标放在图件上，按住鼠标左键不放，拖动鼠标，即可移动单个图件。

2）移动多个图件。先选中要移动的全部图件，然后将鼠标光标放在这些图件中的一个上，按住鼠标左键不放，拖动鼠标，即可移动这些图件。

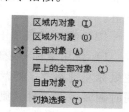

图 5-60　取消
选择菜单

（2）用移动工具移动图件

先选中要移动的图件，然后单击标准工具栏上的移动工具，此时鼠标光标变成十字光标，将十字光标放在被选中的一个图件上单击鼠标左键，被选中图件的虚影随光标移动，在目标位置单击鼠标左键确定，即可移动所选元器件。

（3）使用菜单命令移动图件

在菜单【编辑】→【移动】下，有一些移动命令，如图 5-61 所示。通过这些命令，可实现各种不同情况图件的移动操作。

4. 图件的旋转

（1）使用鼠标+空格键旋转图件

1）旋转一个图件。将鼠标光标放在要旋转的图件上，按住鼠标左键不放，每按一下键盘上的空格键，图件将逆时针旋转一步，旋转的步长值在 General 设置页的"旋转角度"窗口中设置，默认为 90°。如果同时按下 Shift 键，则变成顺时针方向旋转。

2）旋转多个图件。首先选中要旋转的这些图件，然后将鼠标光标放在要旋转的这些图件中的一个上，按住鼠标左键不放，每按一下键盘上的空格键，这些图件将逆时针旋转一步。

（2）使用菜单命令旋转图件

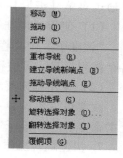

图 5-61　【移动】
菜单

首先选中要旋转的图件，然后执行菜单命令【编辑】→【移动】→【旋转选择对象】，将弹出一个设置旋转角度对话框，在该对话框中输入要旋转的角度值，单击【确认】按钮返回工作区，移动十字光标到合适位置单击鼠标左键，确定旋转的基准点。这样，被选中的图件将以该基准点为圆心，逆时针旋转所设定的角度。

5. 图件的翻转

（1）在同一个板层上翻转图件

下面方法可以实现图件在同一个板层上的翻转，如果同时翻转多个图件，则必须首先选中这些图件。

1）将鼠标光标放在要翻转的图件上，按住鼠标左键不放，按下键盘上的"X"键，图件将在水平方向上翻转。

2）将鼠标光标放在要翻转的图件上，按住鼠标左键不放，按下键盘上的"Y"键，图件将在垂直方向上翻转。

注意：不要在同一个板层上翻转 PCB 元器件，否则该元器件的焊盘排列规律将被调转过来（从逆时针排列变成了顺时针排列），造成实物元器件的引脚和 PCB 元器件的焊盘对应不上。

（2）在不同板层上翻转图件

1）使用鼠标+快捷键 L 在不同板层上翻转图件。将鼠标光标放在要翻转的图件上，按住鼠标左键不放，然后按下键盘上的 L 键，图件将在信号层的顶层和底层之间翻转。如果同时翻转多个多件，则必须先选中这些图件。

2）使用菜单命令在不同板层上的翻转图件。首先选中要翻转的图件，然后执行菜单命令【编辑】→【移动】→【翻转选择对象】，被选中的图件将在信号层的顶层和底层之间翻转。

注意：可以在信号层的顶层和底层之间翻转 PCB 元器件，但是要注意，建立的 PCB 文件默认不打开丝印层的底层，如果此时将元器件从顶层翻转到底层，将看不到 PCB 元器件的轮廓线，若要看到底层 PCB 元件的轮廓线，可在"板层和颜色"对话框中选中"Bottom Overlay"的"表示"复选项。

6. 图件的排列操作

在进行手工布局时，为了使 PCB 更加整齐美观，经常使用系统提供的排列功能对元器件进行排列操作。

Protel DXP 2004 SP2 的排列操作可以通过绘图工具栏中的"调准子"工具栏实现，也可通过菜单【编辑】→【排列】下的相关命令实现。

（1）使用"调准子"工具栏排列图件

"调准子"工具栏如图 5-62 所示，选中要进行排列的元器件后单击各个排列工具，可进行相应的排列操作。

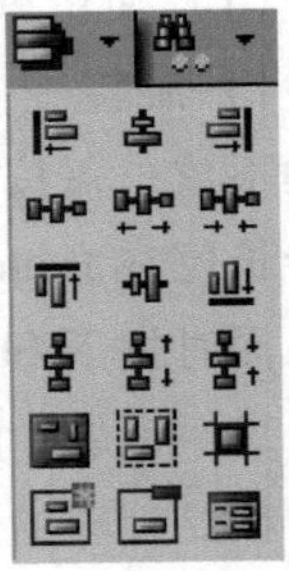

（2）使用排列菜单排列图件

在菜单【编辑】→【排列】下面有一个专门的排列菜单。排列菜单上的命令和"调准子"工具栏的相应工具作用相同。

7. 快速跳转操作

在 PCB 设计过程中，有时光标需要快速跳到 PCB 上的某一点或某一个元器件上，这时可使用跳转操作。在菜单【编辑】→【跳转到】下

图 5-62 "调准子"工具栏

面有一个专门的跳转菜单。利用这些命令可实现快速跳转。

5.6.3 改变元器件标号位置

首先选中要更改编号或注释位置的所有元器件；然后执行菜单命令【编辑】→【排列】→【定位元件文本位置】，将弹出"元件文本位置"对话框，如图 5-63 所示。选中相应位置的单选框，单击按钮返回 PCB 编辑器后，这些元器件的编号或注释就按照对话框的设定，被放到相应的位置上。

选择元器件编号或注释的放置位置时，最好不要选在元器件上。因为选择放置在元器件上，在 PCB 上安装元器件后，这些元器件编号或注释将被元件覆盖住，用户无法看到。

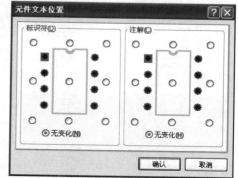

图 5-63 "元件文本位置"对话框

5.7 PCB 布线

完成元器件布局工作后，接下来就可以对 PCB 进行布线了。所谓布线，就是通过放置导线和过孔，将 PCB 上有连接关系的元器件的焊盘连接起来。Protel DXP 2004 SP2 为设计者提供了自动布线功能，在执行自动布线之前，需要先设置布线规则。

1. 设置布线规则

在 PCB 设计过程中要考虑多个方面的规则和限制。PCB 编辑器会实时检测用户的操作是否符合所设定的规则。对违反规则的操作，系统会给予提示。在开始 PCB 设计之前，应根据电路实际情况和要求设置好规则，使用户可以专注于设计本身，放心地进行布线操作，而将检测错误的工作交给系统自动完成。

Protel DXP 2004 SP2 系统在建立 PCB 文件时，就同时建立了一套默认的设计规则。它包含了 PCB 设计中需要约束的各种基本规则，其适用范围基本上是针对整个 PCB 的。由于这些规则的约束值通常被设定为单一值，并不适合 PCB 设计的实际需要，因此，用户应该根据实际情况，对其进行修改。

PCB 的布线规则在 PCB 规则和约束编辑器中设置。执行菜单命令【设计】→【规则】，可打开"PCB 规则和约束编辑器"对话框，如图 5-64 所示。

编辑器左边窗口中列出了各种类型的 PCB 设计规则。在自动布线前需要设置的主要是电气规则和布线规则。在左边窗口选中某一规则，该规则的具体情况将在右边窗口中显示出来，用户可对该规则进行设置或更改。

在各种规则中都要求用户设定规则的作用域（匹配对象）。所谓作用域，是指该规则的适用对象。一般地，作用域的可选对象有以下几种：

1）全部对象：适用于整个 PCB。

2）网络：适用于指定网络上的所有对象。选中该项时，必须在网络窗口中选择网络。

3）网络类：适用于指定网络类上的所有对象。所谓网络类，就是由若干个有某种共同属性的网络构成的一个网络组合。选中该项时，必须在网络窗口中选择网络类。

4）层：适用于指定层上的所有对象。选中该项时，必须在板层窗口中选择板层。

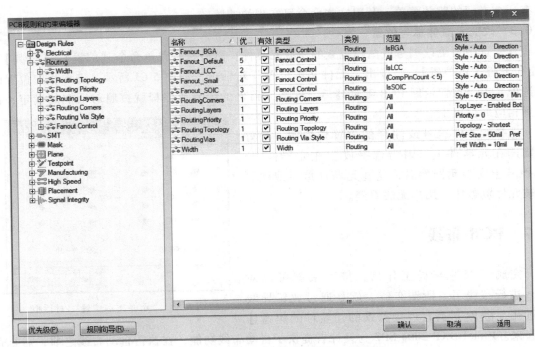

图 5-64 "PCB 规则和约束编辑器"对话框

5）网络和层：适用于指定层上指定网络中的对象。选中该项时，必须在板层窗口中选择层，在网络窗口中选择网络。

6）高级（查询）：启动查询生成器来编辑一个表达式，精确设置规则的适用范围。

2. 自动布线

选择菜单"自动布线"，系统会弹出布线方式选择子菜单，如图 5-65 所示。

Protel DXP 2004 SP2 提供了 6 种自动布线方式。

1）"全部对象"：对整个 PCB 板进行自动布线。

2）"网络"：对指定网络进行自动布线。

3）"网络类"：对指定网络类进行自动布线。

4）"连接"：对指定飞线进行自动布线。

5）"整个区域"：对指定的矩形区域进行自动布线。

6）"Room 空间"：对指定 Room 空间的元器件组合进行自动布线。

下面重点介绍全部对象布线方式的操作步骤：

1）选择菜单【自动布线】→【全部对象】，弹出"Situs 布线策略"对话框，如图 5-66 所示。

对话框中"可用的布线策略"区域，一般情况下采用系统默认值，即选择布线策略"Default 2 Layer Board"。单击"编辑规则"按钮，可用对布线规则进行编辑。单击 Route All 按钮，系统会弹出自动布线信息窗口，如图 5-67 所示。布线完成后，会显示布线后的 PCB。

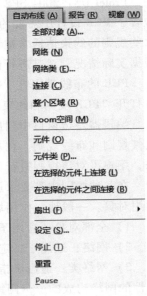

图 5-65 布线方式选择菜单

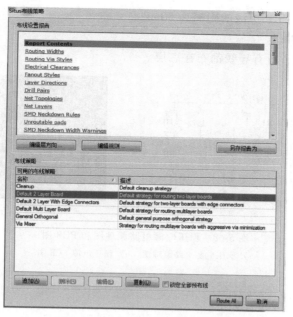

图 5-66　"Situs 布线策略"对话框

Class	Document	Source	Message	Time	Date	No.
Situs Ev...	稳压电源PC...	Situs	Routing Started	11:27:28	2017/3/2	1
Routing ...	稳压电源PC...	Situs	Creating topology map	11:27:28	2017/3/2	2
Situs Ev...	稳压电源PC...	Situs	Starting Fan out to Plane	11:27:28	2017/3/2	3
Situs Ev...	稳压电源PC...	Situs	Completed Fan out to Plane in 0 Seconds	11:27:28	2017/3/2	4
Situs Ev...	稳压电源PC...	Situs	Starting Memory	11:27:28	2017/3/2	5
Situs Ev...	稳压电源PC...	Situs	Completed Memory in 0 Seconds	11:27:28	2017/3/2	6
Situs Ev...	稳压电源PC...	Situs	Starting Layer Patterns	11:27:28	2017/3/2	7
Routing ...	稳压电源PC...	Situs	Calculating Board Density	11:27:28	2017/3/2	8
Situs Ev...	稳压电源PC...	Situs	Completed Layer Patterns in 0 Seconds	11:27:28	2017/3/2	9
Situs Ev...	稳压电源PC...	Situs	Starting Main	11:27:28	2017/3/2	10
Routing ...	稳压电源PC...	Situs	Calculating Board Density	11:27:28	2017/3/2	11
Situs Ev...	稳压电源PC...	Situs	Completed Main in 0 Seconds	11:27:28	2017/3/2	12
Situs Ev...	稳压电源PC...	Situs	Starting Completion	11:27:28	2017/3/2	13
Situs Ev...	稳压电源PC...	Situs	Completed Completion in 0 Seconds	11:27:28	2017/3/2	14
Situs Ev...	稳压电源PC...	Situs	Starting Straighten	11:27:28	2017/3/2	15
Situs Ev...	稳压电源PC...	Situs	Completed Straighten in 0 Seconds	11:27:28	2017/3/2	16
Routing ...	稳压电源PC...	Situs	23 of 23 connections routed (100.00%) in 0 Seconds	11:27:28	2017/3/2	17
Situs Ev...	稳压电源PC...	Situs	Routing finished with 0 contentions(s). Failed to complete 0 connectio...	11:27:28	2017/3/2	18

图 5-67　自动布线信息窗口

5.8　实训　稳压电源 PCB 设计

1. 实训要求

根据如图 5-68a 所示稳压电源电路原理图，设计如图 5-68b 所示的稳压电源 PCB，要求：

1）PCB 形状为矩形，长 2800mil，宽 1600mil。

2）电气边界线与PCB边缘的距离为50mil。

3）导线宽度为20mil。

4）设计成单面板，所有导线都布在底层。

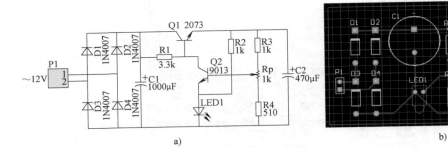

a)   b)

图5-68　稳压电源电路原理图和PCB图

a）稳压电源电路原理图　b）稳压电源PCB图

2．分析

要完成此任务的一般过程如下：

1）创建PCB项目。

2）绘制原理图。

3）创建PCB文件。创建PCB文件，并将PCB文件追加到原理图文件所在的项目里。

4）设置PCB工作环境参数。在PCB编辑器中对PCB进行规划设置，包括设置网格属性、测量单位和坐标系统等。

5）设置PCB板层。设置PCB的层数及板层颜色。

6）设置PCB物理边界和电气边界。设置PCB物理边界是指设置PCB的轮廓形状和尺寸。设置PCB电气边界是指设置PCB电气边界的轮廓形状、尺寸以及距物理边界的距离。

7）导入网络表。网络表是原理图与PCB设计之间的接口，通过导入网络表可以将原理图中元器件的封装以及元器件之间的电气连接关系引入PCB设计系统。

8）布局。PCB布局主要是指合理安排各元器件的位置，布局是否合理直接影响到布线的质量。

9）布线。布线是指用铜膜导线连接元器件焊盘。Protel DXP 2004 SP2提供了自动布线工具，它可以按照网络表中元器件之间的连接关系以及布线规则自动完成布线操作。

3．操作步骤

（1）创建PCB项目

创建一个PCB项目，保存PCB项目，项目名称为"稳压电源"，如图5-69所示。

（2）绘制原理图

1）在名称为"稳压电源"的PCB项目下创建一个原理图文件，保存原理图，名称为"稳压电源原理图"，如图5-70所示。

2）打开原理图文件，绘制如图5-71所示的稳压电源电路原理图。

3）将原理图中的元器件属性对话框中的封装形式按照表5-1进行编辑。

4）编译原理图，生成网络表。

图 5-69　新建的 PCB 项目

图 5-70　新建的原理图文件

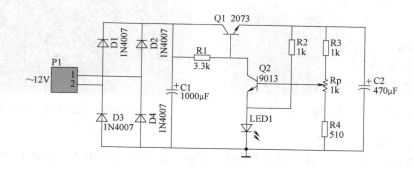

图 5-71　稳压电路原理图

表 5-1　元器件封装形式一览表

标识符	封装	元器件所在集成库
P1	HDR1X2	Miscellaneous Connectors. IntLib
D1	DIO10. 46-5. 3x2. 8	Miscellaneous Devices. IntLib
D2	DIO10. 46-5. 3x2. 8	Miscellaneous Devices. IntLib
D3	DIO10. 46-5. 3x2. 8	Miscellaneous Devices. IntLib
D4	DIO10. 46-5. 3x2. 8	Miscellaneous Devices. IntLib
R1	AXIAL-0. 4	Miscellaneous Devices. IntLib
R2	AXIAL-0. 4	Miscellaneous Devices. IntLib
R3	AXIAL-0. 4	Miscellaneous Devices. IntLib
R4	AXIAL-0. 4	Miscellaneous Devices. IntLib
C1	CAPPR7. 5-16x35	Miscellaneous Devices. IntLib
C2	CAPPR2-5x6. 8	Miscellaneous Devices. IntLib
Q1	SFM-T3/X1. 6V	Miscellaneous Devices. IntLib
Q2	BCY-W3/E4	Miscellaneous Devices. IntLib
LED1	LED-1	Miscellaneous Devices. IntLib
Rp	VR5	Miscellaneous Devices. IntLib

（3）创建 PCB 文件

在名称为"稳压电源"的 PCB 项目下创建一个 PCB 文件，保存 PCB 文件，名称为"稳压电源 PCB"，如图 5-72 所示。

（4）设置 PCB 工作环境参数

1）切换坐标单位。按快捷键"Q"，将坐标单位切换为"mil"。

2）设定坐标原点。执行【编辑】→【原点】→【设定】，将坐标原点设定在图纸左下角位置，如图 5-73 所示。

图 5-72　新建的 PCB 文件

图 5-73　设置完的坐标原点

（5）设置 PCB 物理边界

执行菜单命令【设计】→【PCB 板形状】→【重定义 PCB 板形状】，移动十字光标到坐标原点，单击鼠标左键，确定 PCB 的第一个顶点；水平向右移动十字光标，当 X 坐标为 2800mil，Y 坐标为 0mil 时，单击鼠标左键，确定 PCB 的第二个顶点；垂直向上移动十字光标，当 X 坐标为 2800mil，Y 坐标为 1600mil 时，单击鼠标左键，确定 PCB 的第三个顶点；水平向左移动十字光标，当 X 坐标为 0mil，Y 坐标为 1600mil 时，单击鼠标左键，确定 PCB 的第四个顶点；垂直向下移动十字光标到坐标原点，单击鼠标左键；单击鼠标右键，退出命令状态。这样规划出来的 PCB 长 2800mil，宽 1600mil。

提示：若无法将十字光标准确地移动到指定坐标位置，可以将捕获栅格尺寸改为 X = 100，Y = 100。

（6）设定 PCB 板的电气边界

1）单击工作区下方的"Keep-Out Layer"板层选项卡，将禁止布线层切换为当前层。

2）执行菜单命令【放置】→【禁止布线区】→【导线】，进入放置直线的命令状态。

3）移动十字光标到第一点（X 坐标为 50mil，Y 坐标为 50mil），单击鼠标左键，确定电气边界的起点。

4）移动十字光标到第二点（X 坐标为 2750mil，Y 坐标为 50mil），单击鼠标左键。

5）移动十字光标到第三点（X 坐标为 2750mil，Y 坐标为 1550mil），单击鼠标左键。

6）移动十字光标到第四点（X 坐标为 50mil，Y 坐标为 1550mil），单击鼠标左键。

7）移动十字光标到坐标原点，单击鼠标左键，单击鼠标右键或按下键盘上的<Esc>键，完成电气边界线的绘制。

（7）导入网络表

打开 PCB 文件，执行菜单命令【设计】→【Import Change From 稳压电源 . PRJPCB】。在

弹出的"工程变化订单"对话框中，依次单击"使变化生效""执行变化""关闭"三个按钮，装入网络表和元器件封装，如图 5-74 所示。

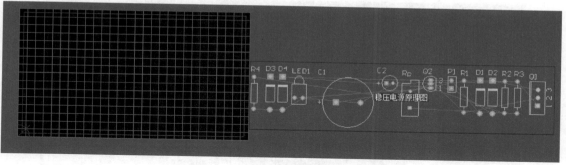

图 5-74　初始装入元器件时布局情况

（8）元器件布局

将所有元器件封装移动到 PCB 区域内，手动调整元器件位置，如图 5-75 所示。

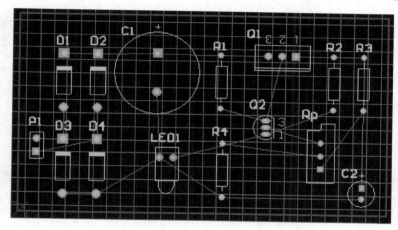

图 5-75　手动布局后的 PCB 板

（9）自动布线

1）设置布线规则。

① 执行菜单命令【设计】→【规则】，可打开"PCB 规则和约束编辑器"对话框。

② 选择【Design Rule】→【Routing】选项，打开 Routing 下面的子分支。

③ 选中"Width"选项，在右面的窗口中，将布线宽度设置为"20mil"，如图 5-76 所示。

④ 选中"Routing Layers"选项，在右面的窗口中，将允许布线层选择为"Bottom Layer"。如图 5-77 所示。

⑤ 单击【适用】→【确认】。

2）自动布线

选择菜单【自动布线】→【全部对象】，弹出"Situs 布线策略"对话框。单击【Route All】按钮，布线完成后，会显示布线后的 PCB，如图 5-78 所示。

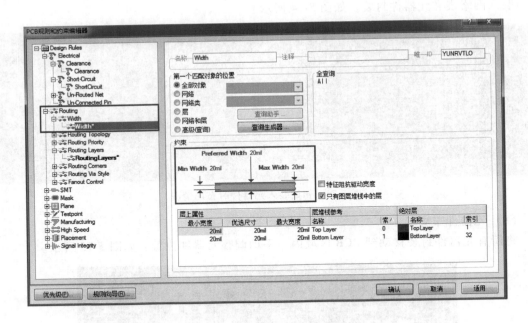

图 5-76　设置导线宽度

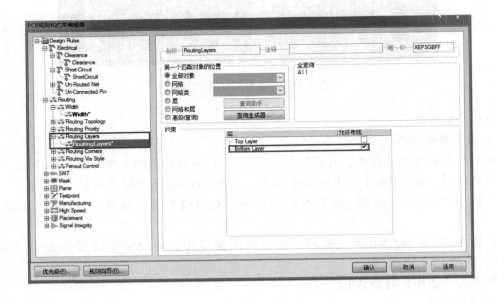

图 5-77　布线层设置

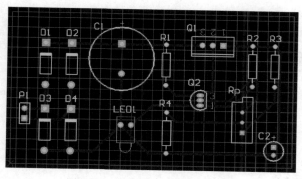

图 5-78　自动布线完成后的 PCB

5.9　思考与练习

1. 设计如图 5-79 所示放大器电路的 PCB，要求单面布线。
2. 设计由 555 电路构成单稳态触发器的 PCB，如图 5-80 所示，要求单面布线。

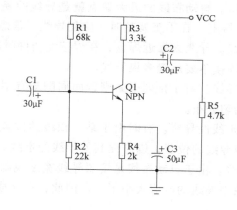

图 5-79　放大器电路原理图

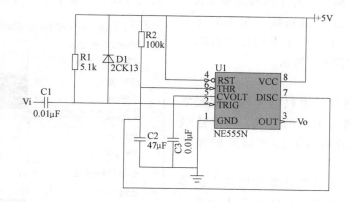

图 5-80　由 555 电路构成单稳态触发器

6.1　手工调整导线

自动布线是自动布线器按照某种给定的算法，来实现元器件之间的电气连接，其目标就是将有连接关系的焊盘用导线连接起来。在自动布线的实施过程中，很少考虑 PCB 特殊的电气、物理和散热等要求。所以，在自动布线后，还应该通过手工调整，使 PCB 既能实现正确的电气连接，又能满足用户的设计要求。

手工调整导线的原则如下：

1）引脚的连线要尽量短。自动布线的最大缺点就是导线的拐角太多，许多导线往往是舍近求远，拐了个大弯才连接上。在手工调整时，应使导线尽量短，走线合理。

2）导线不要太靠近焊盘。导线太靠近焊盘，在焊接元器件时容易造成短路。

3）连线要简洁，一个连接不要放置多根导线。

4）调整疏密不均匀的导线。对于排列很紧密，而周围却有很大空间的这些导线，可适当增大它们的间距，使其均匀分布。

5）调整严重影响多数走线的导线。有时由于某一根线的位置安排不好，会影响几根导线的走线。这时可调整这根导线的位置，以方便其他导线的走线。

6）加粗电流较大的导线。由于自动布线是按照导线宽度规则中设定的优先值进行布线的，没有考虑规则适用对象中导线的电流大小不一。因此，在完成自动布线后，可加粗电流较大的导线。

6.1.1　拆线操作

在进行手工调整时，对于那些走线太长、复杂的导线，可能手工调整起来比较麻烦，这时可将其拆除，手工重新布线。在菜单【工具】→【取消布线】下有一个专门用于拆除导线连接的菜单，如图 6-1 所示。

6.1.2　手工布线

手工布线是指设计者根据元器件焊盘之间飞线的引导，通过手工的方式，将有连接关系的焊盘用导线将过孔连接起来的布线方式。

手工布线时，一般先对宽度比较大的导线，例如电源线和地线，以及 PCB 上导线比较密的区域进行布线，然后再布其他导线。

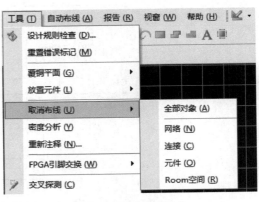

图 6-1　取消布线菜单

在放置导线前，首先确定该导线要布在哪一个信号层，将该信号层切换为当前层，然后再开始布线，也可以通过小键盘区的"＊"来切换信号层。

对于双面板或多层板，在当前层难于布通导线时，可放置过孔，将其引到其他信号层继续布线。

6.1.3 放置过孔

在 PCB 中，过孔用于连接不同信号层上的导线。过孔有通孔、盲孔和埋过孔三种类型。

1. 放置过孔的命令

可用下列三种方法之一选择"放置过孔"命令：

1）单击配线工具栏上的 工具。

2）执行菜单命令：【放置】→【过孔】。

3）使用快捷键：P+V。

2. 放置过孔的操作步骤

1）执行放置过孔的命令，此时光标变为十字形，在十字光标上有一个过孔的虚影。

2）将十字光标移到目标位置处，单击鼠标左键，即可放置一个过孔。

3）移动十字光标到其他地方，单击鼠标左键，可继续放置过孔。

单击鼠标右键或按下 Esc 键，将退出放置过孔的命令状态。

在手工布线的过程中，如果想将导线引到另一个信号层再继续布线，可按下数字键盘区的"＊"键，切换到目标信号层，此时在十字光标处将自动产生一个过孔，单击鼠标左键确定其位置后就可在目标信号层继续布线。

3. 过孔属性的设置

放置过孔后双击该过孔，或者在系统处于放置过孔的命令状态时按下键盘上的 Tab 键，将打开"过孔"属性对话框，如图 6-2 所示。在该对话框中可设置过孔属性。

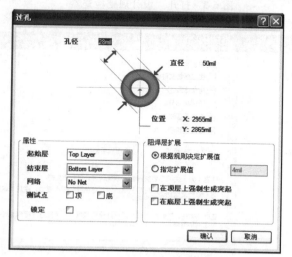

图 6-2 "过孔"属性对话框

"孔径"：设置过孔内径。

"直径"：设置过孔外径。

"位置 X/Y"：设置过孔的 X 和 Y 坐标位置。

"起始层"：过孔的起始层。

"结束层"：过孔的终止层。

"网络"：过孔所属的网络。

"测试点"：设置该过孔是否作为测试点。

"锁定"：设置是否锁定该过孔。

在 PCB 设计中，如果手工在 PCB 上放置一个过孔，用来连接两个信号层上同一网络的导线，除了在"过孔"属性对话框中将这两个信号层分别设置为过孔的起始层和结束层之外，还必须在对话框的"网络"窗口选择该网络为过孔所属网络。

6.2 设计规则检查

完成 PCB 设计后，一般还需要对 PCB 进行设计规则检查，并根据检查结果改正 PCB 中的错误。

设计规则检查步骤如下：

1）执行菜单命令【工具】→【设计规则检查…】，如图 6-3 所示，打开"设计规则检查器"，如图 6-4 所示。

图 6-3 打开"设计规则检查器"

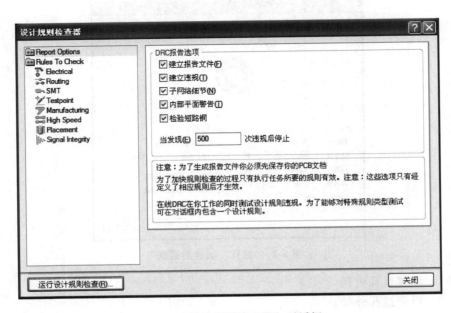

图 6-4 "设计规则检查器"对话框

2）单击图 6-4 中的"运行设计规则检查"按钮，开始设计规则检查。检查完毕后，将生成设计规则检查报表文件，并自动打开该文件，通过该文件可查看所有错误信息。

3）系统在给出设计规则检查报表文件的同时，将激活 Messages 面板，在该面板中记录所有错误信息，如图 6-5 所示。双击 Messages 面板上的错误选项，系统会在 PCB 上将对应的出错点显示出来。

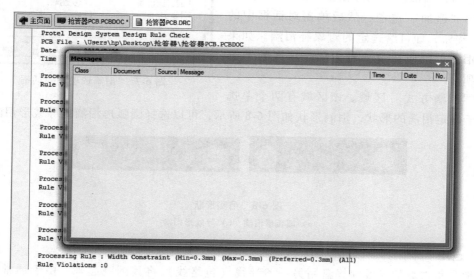

图 6-5　设计规则检查报表及 Messages 面板

4）根据 Messages 面板上的错误提示改正错误。

6.3　补泪滴与包地处理

6.3.1　补泪滴

补泪滴是指在导线和焊盘的连接处放置泪滴状的过渡区域，目的是为了加固导线和焊盘的连接，减小导线和焊盘连接处的电阻。如图 6-6a 所示为补泪滴之前的 PCB，如图 6-6b 所示为补泪滴之后的 PCB。

a)　　　　　　　　　　　　　b)

图 6-6　补泪滴前后的 PCB 对比图
a）补泪滴之前　b）补泪滴之后

补泪滴的操作步骤如下：

1）执行菜单命令【工具】→【泪滴焊盘…】，弹出"泪滴选项"对话框，如图 6-7 所示。

2）设置"泪滴选项"对话框中的参数。

①"一般"区域。"全部焊盘""全部过孔""只有选定的对象"用于选择要补泪滴的对象。"强制点泪滴"用来确认是否进行强制点泪滴，采用强制方式将不考虑 PCB 的规则约

束，可能导致 DRC（设计规则检查）违规，因此一般不选此项。选择"建立报告"选项，将建立补泪滴相关操作的报告文件。

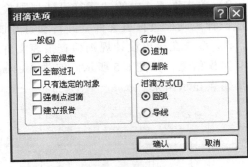

图 6-7　"泪滴选项"对话框

② "行为"区域。该区域有两个单选框，可以设置为追加泪滴或删除泪滴。选中"行为"选项区的"追加"选项，然后单击对话框中的"确认"按钮，即可给选定的对象补泪滴。如果要删除泪滴，则应选中"行为"选项区的"删除"选项。

③ "泪滴方式"区域。该区域有两个单选框，用于确定泪滴的形状，泪滴形状如图 6-8 所示，可以选择圆弧形泪滴或导线形泪滴。

a)　　　　　　　　　　　　　　b)

图 6-8　泪滴形状

a）圆弧形泪滴　　b）导线形泪滴

6.3.2　包地

包地是将选取的导线和焊盘用另一条导线（包络线）将其围绕起来，由于通常将围绕的导线接地以防止干扰，所以称为包地。如图 6-9 所示为包地前后的 PCB 对比图。

包地的操作步骤如下：

1）首先选中要进行包地的导线以及导线两端的焊盘。

2）执行菜单命令【工具】→【生成选定对象的包络线】，即可实现对选定的导线和焊盘的包地操作。包络线的默认宽度为 8mil，与被包对象的间距为规则设置的安全距离。

3）如果需要删除包络线，可以使用【编辑】→【选择】→【连接的铜】菜单命令，再选择要删除的包络线，然后按 Del 键即可。

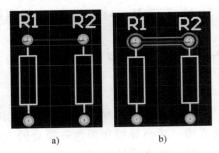

a)　　　　　　　　　b)

图 6-9　包地前后的 PCB 对比图

a）未包地　　b）包地

6.4　填充和覆铜

6.4.1　放置矩形填充

矩形填充是一个可以放置在任何层面上的实心矩形图件。当它被放置在信号层时就成为一块矩形的铜膜，可作为屏蔽层或用来承担较大的电流；当它被放置在禁止布线层时，就构成一个禁入区域，自动布局和自动布线时，元器件和导线都将避开该区域；如果将它放置在内电层、助焊层、阻焊层，就会成为一个空白区域，即该区域不设置电源或者不加助焊剂、阻焊剂等；将其放置在丝印层，就成为印刷的图形标记。

1. 放置矩形填充的命令

采用下列方法之一可以执行放置矩形填充命令：

1）单击"配线"工具栏上的 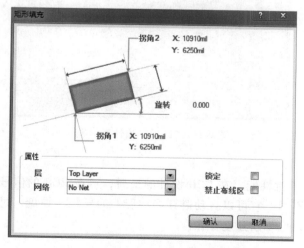 工具。

2）执行菜单命令：【放置】→【矩形填充】。

3）使用快捷键：P+F。

2. 放置矩形填充的操作步骤

1）将目标板层切换为当前层，执行放置矩形填充的命令，此时光标变为十字形。

2）将十字光标移到目标位置处，单击鼠标左键，确定矩形填充的一个顶点。

3）移动十字光标，当矩形填充的大小合适时，再次单击鼠标左键，确定矩形填充的对角顶点。

3. 矩形填充的修改和编辑

（1）改变矩形填充的大小

用鼠标单击矩形填充，使其处于选中状态，此时在矩形填充的 4 条边和 4 个顶点上共出现 8 个控制点。将光标移到某条边的控制点上，按住鼠标左键不放，拖动鼠标，可改变该边的位置；将鼠标光标移到某个顶点的控制点上，按住鼠标左键不放，拖动鼠标，可同时改变两条边的位置。

（2）旋转矩形填充

选中矩形填充后，在其内部出现一个手柄，将光标放在手柄的控制点上，按住鼠标左键不放，移动鼠标，矩形填充将以中心点为圆心旋转。

（3）矩形填充属性的设置

双击已放置好的矩形填充，或者在系统处于"放置矩形填充"的命令状态时按下键盘上的<Tab>键，将打开"矩形填充"属性对话框，如图 6-10 所示。在该对话框中可设置矩形填充的大小和位置、旋转角度、所属网络、放置的板层等。

图 6-10 "矩形填充"属性对话框

6.4.2 放置铜区域

铜区域是一个可以放置在任何层面上的实心多边形图件。在 PCB 中，放置铜区域的作用和矩形填充相同，但它的形状比矩形填充更丰富。

1. 放置铜区域的命令

采用下列方法之一可以执行放置铜区域命令：

1）单击"配线"工具栏上的 ▉ 工具。

2）执行菜单命令：【放置】→【铜区域】。

3）使用快捷键：P+R。

2. 放置铜区域的操作步骤

1）将目标板层切换为当前层，执行放置铜区域的命令，此时光标变为十字形。

2）将十字光标移到目标位置处，单击鼠标左键，确定铜区域的一个顶点。

3）移动十字光标，依次单击鼠标左键，确定铜区域的其他顶点。

4）单击鼠标右键或按下键盘上的 Tab 键，完成铜区域的放置。

3. 铜区域的修改和属性的设置

（1）改变铜区域的大小和形状

用鼠标单击铜区域，使其处于选中状态，此时在铜区域的每条边和每个顶点上都出现控制点。将光标移到控制点上，按住鼠标左键不放，拖动鼠标，可改变铜区域的大小和形状。

（2）铜区域属性的设置

双击已放置好的铜区域，或者在系统处于放置铜区域的命令状态时按下键盘上的 Tab 键，将打开"区域"属性对话框，如图 6-11 所示。在该对话框中可设置铜区域的属性。

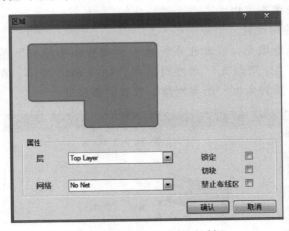

图 6-11　"区域"属性对话框

6.4.3　覆铜

为提高 PCB 的抗干扰性能，在 PCB 设计的最后，可在 PCB 的信号层上覆铜。覆铜与矩形填充及放置铜区域不同，它可以自动避开同一层上的导线、焊盘、过孔等电气图件。覆铜可以连接到某个网络，也可以独立存在。

1. 覆铜的命令

采用下列方法之一可以执行覆铜命令：

1）单击"配线"工具栏上的 ▉ 工具。

2）执行菜单命令：【放置】→【覆铜…】。

3）使用快捷键：P+G。

2. 覆铜的放置及其属性的设置

在覆铜的过程中可同时设置其属性。覆铜的步骤如下：

1）将目标板层切换为当前层，执行覆铜的命令，首先弹出"覆铜"属性对话框，如图6-12 所示。

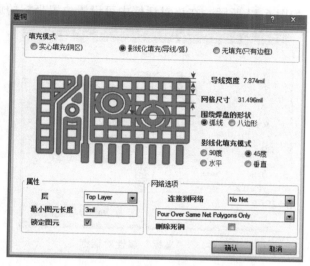

图 6-12 "覆铜"属性对话框

2）设置覆铜属性。覆铜的填充模式有"实心填充""影线化填充"和"无填充"三种。

3）设置好覆铜属性后，单击对话框下方"确认"按钮，返回工作区。此时，光标变成十字形。

4）移动十字光标，依次单击鼠标左键，确定覆铜的各个顶点。此过程可通过按下"Shift+空格"键，切换拐角模式，按下"空格"键切换拐角方向。

5）单击鼠标右键或按下键盘上的 Esc 键，完成覆铜，同时也退出覆铜的命令状态。

6.5 放置位置坐标和尺寸标注

6.5.1 放置位置坐标

所谓位置坐标，是指 PCB 上的某一点相对于原点的坐标值。在 PCB 设计中，有时需要显示 PCB 上某一点的坐标值，这时可在该点放置位置坐标。

1. 放置位置坐标的命令

采用下列方法之一可以执行放置位置坐标命令：

1）单击"实用"工具栏上的 工具。

2）执行菜单命令：【放置】→【坐标】。

3）使用快捷键：P+O。

2. 放置位置坐标的操作步骤

1）将目标板层切换为当前层。

2）执行放置位置坐标的命令，光标变成十字形，在十字光标上出现位置坐标的虚影，而且坐标虚影上的坐标值随光标的移动而变化。

3）移动十字光标，在合适位置处单击鼠标左键，即可放置该处的位置坐标。

3. 设置位置坐标的属性

双击已放好的放置位置坐标，或在放置位置坐标的过程中按下键盘上的 Tab 键，可打开"坐标"属性对话框，如图 6-13 所示。在该对话框中可设置位置坐标的属性。

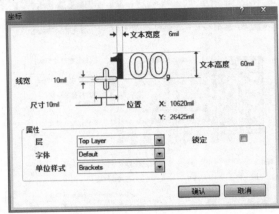

图 6-13　"坐标"属性对话框

6.5.2　放置尺寸标注

尺寸标注用于在 PCB 上标注各种尺寸信息。"实用"工具栏的"尺寸标注"子工具栏上有放置各种尺寸标注的工具。此外，在菜单【放置】→【尺寸】下，有一个"尺寸标注"菜单，如图 6-14 所示，菜单中的命令和"尺寸标注"子工具栏的相同。尺寸标注一般放置在机械层，但对于需要在生产出来的 PCB 上显示的尺寸信息，则放在丝印层上。

图 6-14　"尺寸标注"
菜单

1. 放置直线尺寸标注

（1）放置直线尺寸标注的命令

采用下列方法之一可以执行放置直线尺寸命令：

1）单击尺寸标注子工具栏上的 工具。

2）执行菜单命令：【放置】→【尺寸】→【直线尺寸标注】。

3）使用快捷键：P+D+L。

（2）放置直线尺寸标注的操作步骤

1）将目标板层切换为当前层。

2）执行放置直线尺寸标注命令。

3）移动十字光标到尺寸标注的起点处，单击鼠标左键确定起点。

4）移动十字光标，此时，尺寸线和尺寸边界线都有所变化，在目标位置处单击鼠标左键确定终点。

5）继续移动十字光标，当尺寸边界线长度合适时，单击鼠标左键确定。在放置直线尺寸标注的过程中，每按一次键盘上的"空格"键，尺寸标注将逆时针旋转 90°。单击鼠标右键，或按下键盘上的 Esc 键，可退出放置直线尺寸标注的命令状态。

（3）设置直线尺寸标注的属性

双击已放好的直线尺寸标注，或在放置直线尺寸标注的过程中按下键盘上的 Tab 键，可打开"直线尺寸"的属性对话框，如图 6-15 所示。在该对话框中可设置直线尺寸标注的属性。

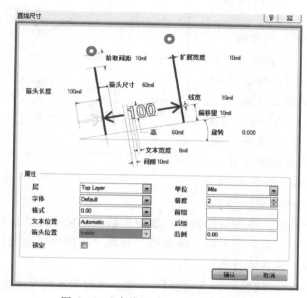

图 6-15 "直线尺寸"标注属性对话

2. 放置标准尺寸标注

（1）放置标准尺寸标注的命令

采用下列方法之一可以执行放置标准尺寸标注命令。

1）单击"放置"尺寸 ▦ 菜单中子工具栏上的 ▦ 工具。

2）执行菜单命令：【放置】→【尺寸】→【尺寸标注】。

3）使用快捷键：P+D+D。

（2）放置标准尺寸标注的操作步骤

1）将目标板层切换为当前层。

2）执行放置标准尺寸标注命令。

3）移动十字光标到尺寸标注的起点处，单击鼠标左键确定。

4）移动十字光标到尺寸标注的终点处，单击鼠标左键确定。

（3）设置标准尺寸标注的属性

双击已放好的标准尺寸标注，或在放置标准尺寸标注的过程中按下键盘上的 Tab 键，可打开"尺寸标注"的属性对话框，如图 6-16 所示。在该对话框中可设置标准尺寸标注的属性。

3. 放置基线尺寸标注

（1）放置基线尺寸标注的命令

采用下列方法之一可以执行放置基线尺寸标注命令：

1）单击"尺寸标注"子工具栏上的 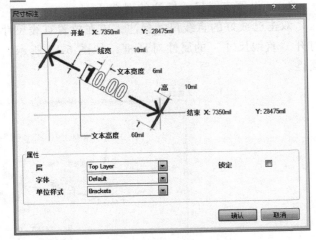 工具。

2）执行菜单命令：【放置】→【尺寸】→【基线尺寸标注】。

3）使用快捷键：P+D+B。

（2）放置基线尺寸标注的操作步骤

1）将目标板层切换为当前层。

2）执行放置基线尺寸标注命令。

3）移动十字光标到目标位置处，单击鼠标左键，确定基线的位置。

4）移动十字光标到第一个尺寸基准线之外的另一边，单击鼠标左键，确定第一条尺寸线的边界线的位置。

5）移动十字光标，单击鼠标左键，确定第一条尺寸线的边界线的长度。

图 6-16 "尺寸标注"属性对话框

6）继续移动十字光标，单击鼠标左键，确定在第二条尺寸线的边界线的位置。

7）继续移动光标，单击鼠标左键，确定第二条尺寸线的边界线的长度。

8）依此类推，逐一放置所有的尺寸线。

在放置基线尺寸标注的过程中按下"空格"键，可改变基线尺寸标注的放置方向。

（3）设置基线尺寸标注的属性

双击已放好的基线尺寸标注，或在放置基线尺寸标注的过程中按下键盘上的 Tab 键，可打开"基线尺寸"的属性对话框，如图 6-17 所示。在该对话框中可设置基线尺寸标注的属性。

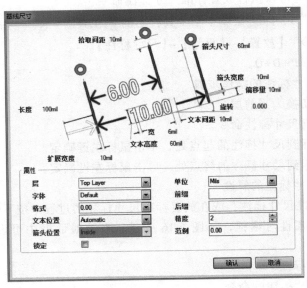

图 6-17 "基线尺寸"属性对话框

6.6 放置字符串

字符串用于在 PCB 中放置一些提示信息。

1. 放置字符串的命令

采用下列方法之一可以执行放置字符串命令：

1）单击"配线"工具栏上的 **A** 工具。

2）执行菜单命令：【放置】→【字符串】。

3）使用快捷键：P+S。

2. 放置字符串的操作步骤

1）将目标板层切换为当前层。

2）执行放置字符串的命令，此时光标变为十字形，在十字光标上出现字符的虚影。

3）将十字光标移到合适位置处，单击鼠标左键，即可放置一个字符串。

3. 字符串属性的设置

双击已放下的字符串，或者在系统处于放置字符串的命令状态时按下键盘上的 Tab 键，将打开"字符串"属性对话框，如图 6-18 所示。在该对话框中可设置注释文字的属性。

在 PCB 上只能直接显示西文信息，不能直接显示中文信息，用字符串工具在 PCB 上放置的中文信息都将变成乱码。若要显示系统字符串所代表的内容，应在优先设定对话框的 Display 设置页中，选中"显示特殊字符串"复选项。

图 6-18 "字符串"属性对话框

6.7 实训 设计抢答器 PCB

1. 实训要求

设计如图 6-19 所示的抢答器 PCB，要求：

1）电路板的类型为双面板（通过向导生成 PCB 文件）。

2）形状为矩形，长 95mm，宽 55mm。

3）禁止布线区与电路板边缘的距离为 2mm。

4）最小导线尺寸为 0.3mm；最小过孔宽为 1.6mm；最小过孔孔径为 0.8mm；相邻导线之间的安全距离为 0.5mm。

5）地线宽度为 1mm，电源线宽度为 1mm。

6）在印制电路板的四个角放置直径为 2.5mm 的安装孔，孔中心距电路板边缘的距离为 5mm。

7）对所有焊盘和过孔添加圆弧泪滴。

8）在电源插座旁边放置"+"和"-"号注释。

9）覆铜。

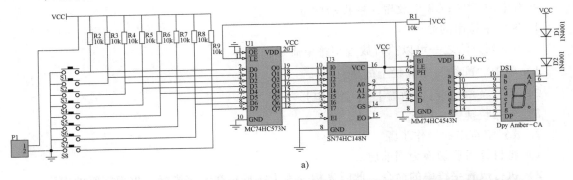

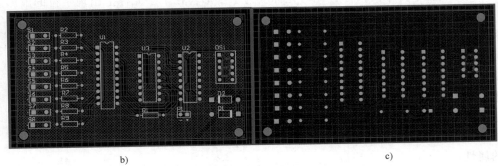

图 6-19　设计抢答器 PCB

a）抢答器电路原理图　b）抢答器 PCB 顶层　c）抢答器 PCB 底层

2. 分析

要完成此任务，需要熟悉手工布线的基本操作、拆除布线工具的基本使用、补泪滴工具的基本使用方法、覆铜工具和填充工具的使用方法、注释工具的使用等知识。

3. 操作步骤

（1）创建 PCB 项目

创建一个 PCB 项目，保存 PCB 项目，项目名称为"抢答器"。

（2）绘制原理图

在名称为"抢答器"的 PCB 项目下创建一个原理图文件，保存原理图，名称为"抢答器原理图"。绘制如图 6-19a 所示的抢答器电路原理图。编译原理图，生成网络表。

（3）通过向导创建 PCB 文件

1）选择"File"工作面板，在面板的"根据模板新建"一栏中选择"PCB　Board Wizard"，弹出"PCB 板向导"对话框。

2）单击"下一步"按钮，在弹出的页面中选择电路板单位，这里选择"公制"，如图 6-20 所示。

3）单击"下一步"按钮，弹出"选择电路板配置文件"对话框，选择自定义模式"Custom"，进入自定义 PCB 尺寸类型模式，如图 6-21 所示。

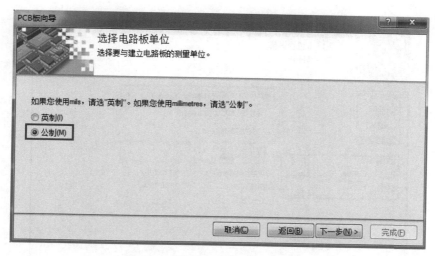

图 6-20 "选择电路板单位"对话框

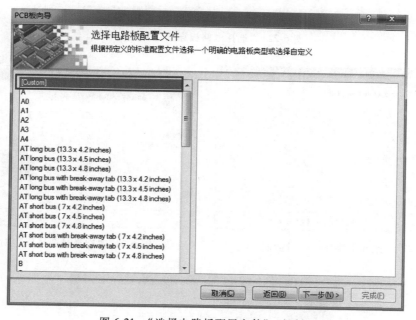

图 6-21 "选择电路板配置文件"对话框

4）单击"下一步"按钮，弹出"选择电路板详情"对话框，"轮廓形状""电路板尺寸""放置尺寸于此层""禁止布线区与板子边沿的距离"设置如图 6-22 所示。

5）单击"下一步"按钮，弹出"选择电路板层"对话框。本任务设计的是双面板，对于双面板而言无内部电源层，因此内部电源层为"0"，信号层为"2"，如图 6-23 所示。

6）单击"下一步"按钮，弹出"选择过孔风格"对话框，本任务设计的是双面板，因此过孔风格选择"只显示通孔"，如图 6-24 所示。

7）单击"下一步"按钮，弹出"选择元件和布线逻辑"对话框。本任务设计的电路板上所采用的元器件均为直插式元器件，因此选择"通孔元件"，相邻两焊盘之间允许经过的导线数目选择"一条导线"，如图 6-25 所示。

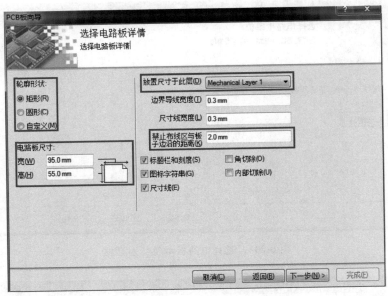

图 6-22 "选择电路板详情"对话框

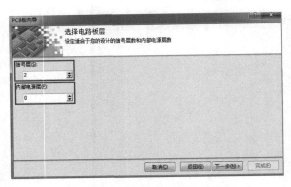

图 6-23 "选择电路板层"对话框

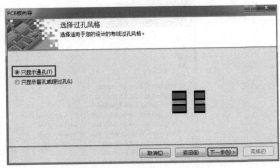

图 6-24 "选择过孔风格"对话框

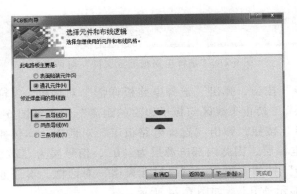

图 6-25 "选择元件和布线逻辑"对话框

8）单击"下一步"按钮，弹出"选择默认导线和过孔尺寸"对话框。最小导线尺寸设置为"0.3mm"；最小过孔宽设置为"1.6mm"；最小过孔孔径设置为"0.8mm"；最小间隔

设置为 "0.5mm"，如图 6-26 所示。

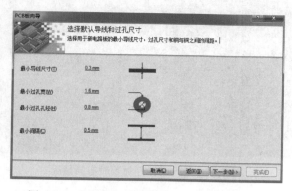

图 6-26 "选择默认导线和过孔尺寸"对话框

9）单击"下一步"按钮，弹出"PCB 板向导设置完成"对话框，单击"完成"按钮，PCB 编辑区中会出现设定好的空白 PCB 图纸，如图 6-27 所示。

10）保存新建的 PCB1. PcbDoc，文件名为"抢答器 PCB"。将"抢答器 PCB"文件追加到"抢答器"PCB 项目下，如图 6-28 所示。

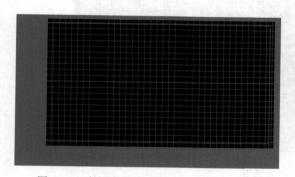

图 6-27 利用向导生成新的空白 PCB 图纸

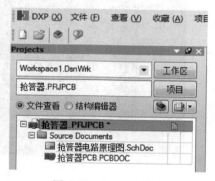

图 6-28 Project 面板

（4）设置坐标原点

选择菜单【DXP】→【优先设定】，在弹出的优先设定对话框左边选择【Protel PCB】→【Display】，在右面区域中选中 ☑原点标记 复选框，单击"确认"按钮。选择菜单【编辑】→【原点】→【设定】，待出现十字光标后移动到 PCB 左下角单击鼠标左键，设置坐标原点。

（5）导入网络表

打开 PCB 文件，执行菜单命令【设计】→【Import Change From 抢答器. PRJPCB】。在弹出的"工程变化订单"对话框中，依次单击"使变化生效""执行变化""关闭"三个按钮，装入网络表和元器件封装，如图 6-29 所示。

（6）元器件布局

将所有元器件封装移动到 PCB 区域内，手动调整元器件位置，布局结果如图 6-30 所示。

（7）自动布线

1）设置布线规则。

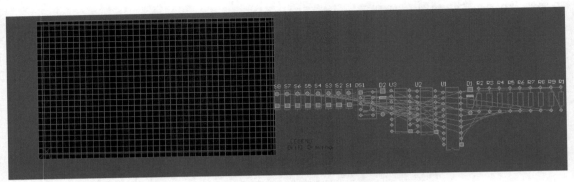

图 6-29　装入元器件封装时布局情况

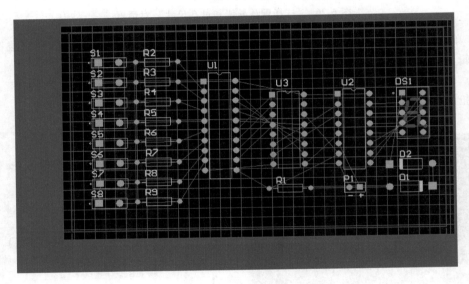

图 6-30　布局结果

① 执行菜单命令【设计】→【规则】，可打开"PCB 规则和约束编辑器"对话框。

② 选择【Design Rule】→【Routing】选项，打开 Routing 下面的子分支。

③ 选中"Width"选项，单击鼠标右键，在弹出的菜单中选择"新建规则"选项，如图 6-31 所示，可添加一条新的布线宽度规则，名称为"Width_1"。用同样的方法再添加一条新的布线宽度规则，名称为"Width_2"，如图 6-32 所示。

④ 单击"Width_1"，在右面的窗口中，将"名称"改为"GND"；在"第一个匹配对象的位置"处选择"网络"，在网络右面的下拉菜单中选择"GND"；将布线宽度设置为"1mm"，如图 6-33 所示。

⑤ 用同样的方法将"Width_2"规则的名称改为"VCC"，适用于"VCC"网络，线宽设置为"1mm"；将"Width"规则的线宽设置为"0.3mm"

2）自动布线

选择菜单"自动布线"→"全部对象"，弹出"Situs 布线策略"对话框，单击"Route All"按钮。布线完成后，会显示布线后的 PCB，如图 6-34 所示。

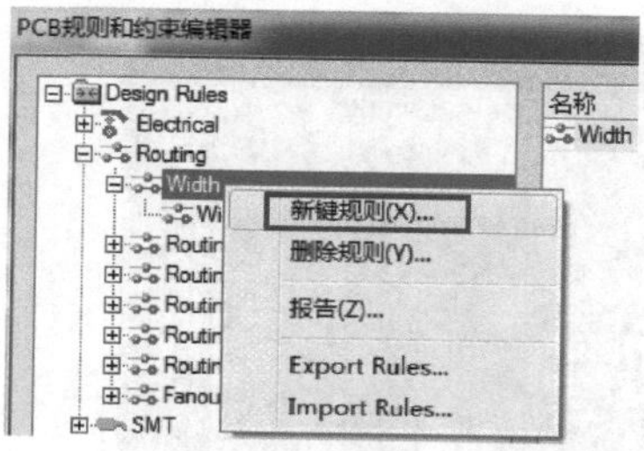

图 6-31　添加布线宽度规则

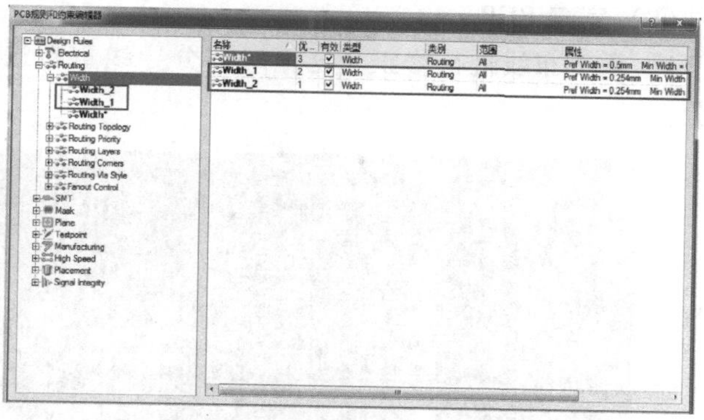

图 6-32　新添加的布线宽度规则

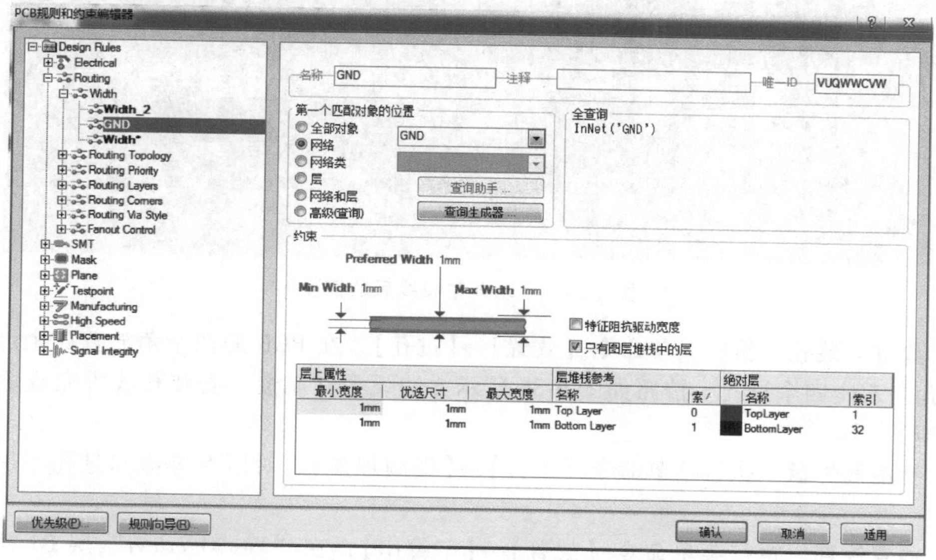

图 6-33　设置地线布线宽度

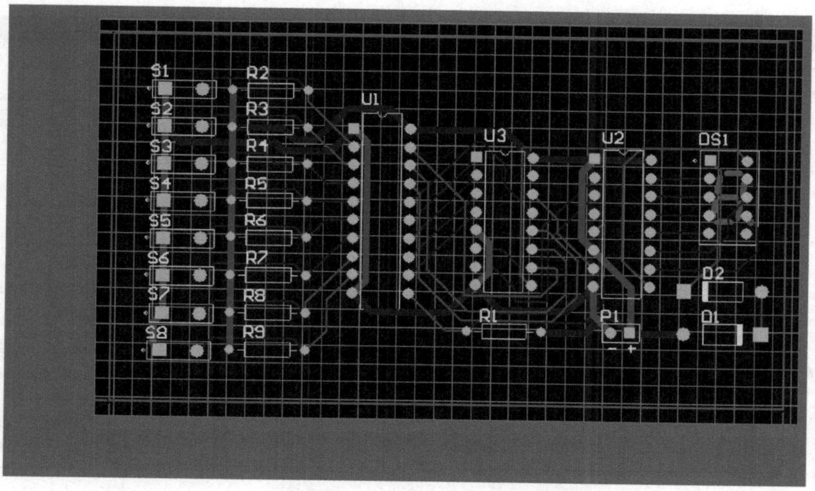

图 6-34　自动布线完成后的 PCB

（8）完善 PCB

1）手工布线进行修正。这里对部分导线重新进行了手工布置，如图 6-35 所示选中的部分。

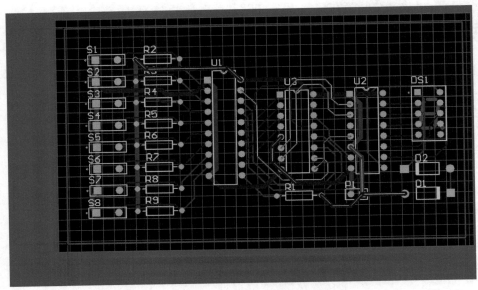

图 6-35　手动调整布线后的情况

2）放置安装孔。执行菜单命令【放置】→【过孔】，在 PCB 的四个角放置四个过孔，作为安装孔。双击四个过孔，按照如图 6-36 所示方法设置其属性，安装孔放置完成后的 PCB 如图 6-37 所示。

3）补泪滴焊盘。执行菜单命令【工具】→【泪滴焊盘】，对所有焊盘和过孔添加圆弧形泪滴。

4）放置注释。执行菜单命令【放置】→【字符串】，在"Top Overlayr"层 P1 插座两个焊盘附近放置"+"和"−"，字符高度设置为 1.5mm，如图 6-38 所示。

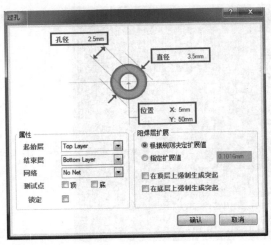
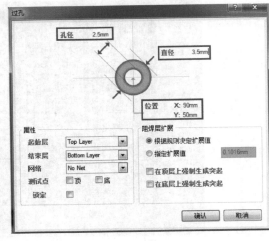

图 6-36　四个安装孔的属性设置

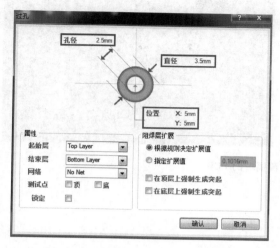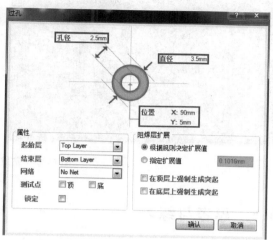

图 6-36　四个安装孔的属性设置（续）

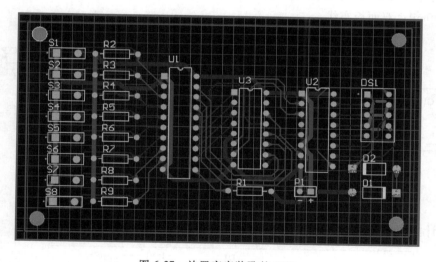

图 6-37　放置完安装孔的 PCB

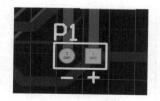

图 6-38　放置完字符串的 PCB

5）覆铜

执行菜单命令【放置】→【覆铜】，分别在 "Top Layer" 层和 "Bottom Layer" 层放置覆铜，并且将覆铜与 GND 网络连接，如图 6-39 所示。

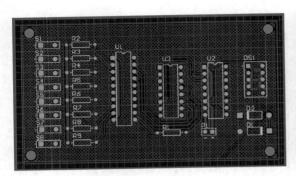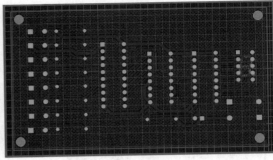

图 6-39　完成覆铜后的 PCB

6.8　思考与练习

1. 设计如图 6-40 所示声控变频电路的 PCB，要求物理边界尺寸为 3200mil×2600mil；电气边界线尺寸（禁止布线区域）为 3100mil×2500mil；信号线宽为 10mil，电源线宽为 30mil，地线宽为 40mil；双面板布线。

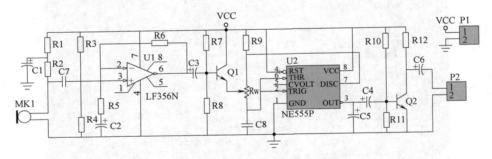

图 6-40　声控变频电路原理图

2. 设计如图 6-41 所示信号发生器电路的 PCB，要求双面布线。

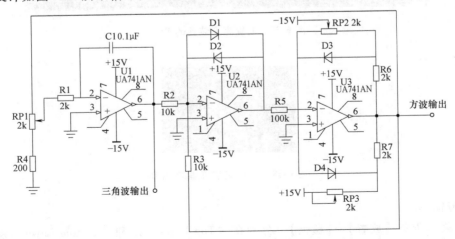

图 6-41　信号发生器电路图

第7章　PCB元器件封装设计

元器件封装是 PCB 图的基本元素，虽然 Protel DXP 2004 SP2 为我们提供了丰富的元器件封装库，对于一般的元器件，都能在元器件封装库里找到，但由于新的电子元器件层出不穷，且实际电路设计复杂多样，有时仍会遇到缺少元器件封装的情况，这就要求我们学会制作元器件封装。

7.1　认知 PCB 库编辑器

7.1.1　元器件封装的概念和形式

元器件封装就是实际元器件焊接到印制电路板上时所指示的空间外观和焊点位置，如图7-1 所示。在 Protel DXP 2004 中，元器件封装实际上就是由元器件的外形尺寸、固定元器件引脚的焊盘和必要的注释等组成的图形。

在 PCB 图中，元器件是以封装的形式存在的，作用是指出元器件要焊接到的位置和焊点。元器件封装通常都符合特定的标准，不同的元器件可以采用同一种封装，同一种元器件也可以采用不同的封装，如 RES1 代表电阻，它的封装形式有 AXAIL0.3、AXAIL0.4、AXAIL0.6 等。

图 7-1　电阻实物与封装

1. 元器件封装的分类

元器件封装可以分为两大类，即直插式封装和表面贴片式封装。

直插式封装：此类封装需要将元器件的引脚插入焊盘孔并焊接在电路板的另一面，又称穿孔插装式封装（Through Hole Technology，THT），如图 7-2 所示。

表面贴片式封装：此类封装无需对焊盘钻孔，直接将元器件贴焊到电路板的表面，又称表面贴装式封装（Surface Mount Technology，SMT），如图 7-3 所示。

2. 元器件的编号

元器件封装的编号一般为元器件类型、焊点距离（焊点数）以及元器件外形尺寸，可以根据元器件封装编号来判断元器件包装的规格。例如 AXAIL0.4 表示此元器件包装为轴状的，两焊点间的距离为 400mil；DIP8 表示双排引脚的元器件封装，两排共 8 个引脚；RB.2/.4表示极性电容类元器件封装，引脚间距离为 200mil，元器件直径为 400mil。这里 .4 和 0.4 都表示 400mil。

7.1.2　熟悉 PCB 库文件设计环境

元器件封装是在 PCB 库文件设计环境中进行制作，并保存在 PCB 库文件（.PcbLib）

图 7-2　直插式封装

图 7-3　表面贴片式封装

中的，因此，我们首先创建一个 PCB 库文件。

　　PCB 库就是元器件封装库，Protel DXP 2004 SP2 提供的 PCB 库均位于其安装目录下的 Library \ Pcb 文件夹中。此外，集成库文件（.IntLib）中也含有 PCB 库，通过用 Protel 打开集成库的方法，可以将其中的 PCB 库文件（.PcbLib）抽取出来。

　　启动 Protel DXP 2004 SP2，选择【文件】→【创建】→【库】→【PCB 库】菜单，系统将自动创建一个名称为"PcbLib1.PcbLib"的 PCB 库文件，同时进入 PCB 库编辑器，如图 7-4 所示。下面我们对 PCB 库编辑设计环境进行介绍。

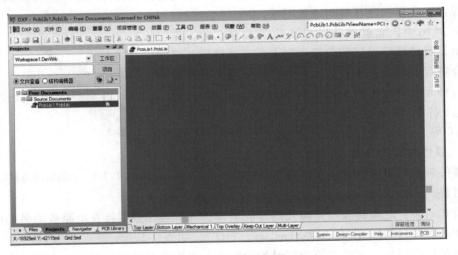

图 7-4　PCB 库编辑器

　　PCB 库文件设计环境与 PCB 设计环境基本相同，主要由标题栏、菜单栏、导航工具栏、标准工具栏、放置工具栏、工作面板、面板标签、工作区、状态栏和命令提示栏等组成。

　　单击窗口左下方的"PCB Library"标签，可以打开"PCB Library"（PCB 库）面板，该面板主要由屏蔽、元件、元件图元和预览框四部分组成，如图 7-5 所示。该面板用于管理和编辑当前 PCB 库中的所有元器件封装。

　　屏蔽：用于设置查询条件，从当前 PCB 库中筛选出符合特定条件的元器件封装。例如，在"屏蔽"编辑框中输入"P＊"并按计算机键盘上的 Enter 键，元件部分中将只显示所有名称以"P"开头的元器件封装。默认查询条件为"＊"，表示显示所有元器件封装。

元件：用于显示当前 PCB 库中符合屏蔽条件的所有元器件封装，内容包括元器件封装的名称、所用的焊盘数和图元数。单击某个元器件封装，可以在工作区域中查看和编辑其封装图形。

元件图元：用于显示当前选中封装的组成图元（如直线、圆弧、焊盘等），内容包括图元的类型、名称、尺寸和所处的层。单击某个图元，可以在工作区中对其进行加亮显示和编辑。

预览框：用于显示当前选中元器件封装的预览效果。

7.1.3 设置工作环境

进入 PCB 库文件设计环境后，为了便于设计元器件封装，我们同样需要先对工作环境进行一些设置，包括测量单位、网格参数、工作区的颜色、原点标记等。下面，我们以创建双列直插式封装库文件并设置环境参数为例进行介绍。

1）选择【文件】→【创建】→【库】→【PCB 库】菜单，创建一个 PCB 库文件。

图 7-5　PCB 库面板

2）单击标准工具栏中的"保存当前文件"按钮 ，弹出保存的对话框，在"保存在"下拉列表框中选择 E 盘，在"文件名"编辑框中输入"DIP20. PcbLib"，然后单击"保存"按钮，就可以将新创建的 PCB 库文件"DIP20. PcbLib"保存在 E 盘下，如图 7-6 所示。

图 7-6　重命名并保持 PCB 库文件

3）连续单击标准工具栏中的放大按钮，将工作区中的网格显示出来，如图 7-7 所示。由于网格的数值默认值较小，因此初次使用时需要适当对工作区域进行放大。

4）选择【工具】→【库选择项】菜单，打开"PCB 板选择项"对话框，将测量单位设置为"Imperial"，将"捕获网格"和"元件网格"的数值均设置为"20mil"，将"电气网格"的数值设置为"18mil"，将"可视网格 1"和"可视网格 2"的数值分别设置为"20mil"和"100mil"，其余保持系统默认，然后单击"确认"按钮，如图 7-8 所示。

5）选择【工具】→【层次颜色】菜单，打开"板层和颜色"对话框，在"系统颜色"栏将"Workspace Start Color"（工作区上半部颜色）和"Workspace End Color"（工作区下半

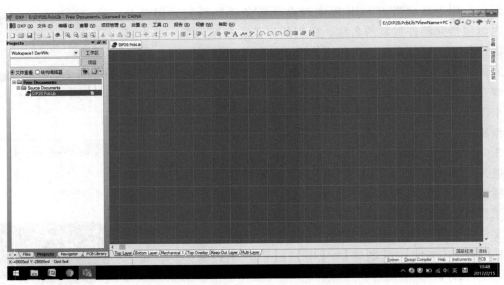

图 7-7　网格输出

图 7-8　设置测量单位和网格参数

部颜色）均设置成白色，然后单击"确认"按钮，如图 7-9 所示。可视网格 1 默认不显示，若希望将其从工作区中显示出来，请在如图 7-9 所示界面中选中"Visible Grid 1"栏右侧的"表示"复选框。

　　6）选择【工具】→【优先设定】菜单，打开"优先设定"对话框，在左侧列表框中依次单击【Protel PCB】→【Display】项，然后在右侧界面中选中☑ 原点标记复选框，并单击"确定"按钮，如图 7-10 所示。

　　7）由此就完成了工作环境的设置，单击标准工具栏中的"保存当前文件"按钮，即可对当前设置进行保存，此时的元器件封装设计窗口如图 7-11 所示。如果原点未显示在屏幕中，可以选择【编辑】→【跳转到】→【参考】菜单，或者直接按 Ctrl+End 键，系统会立即将原点移动到屏幕中央，同时光标也会自动跳转到原点处。

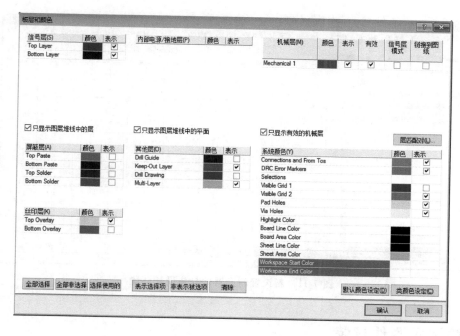

图 7-9　设置工作区的背景颜色

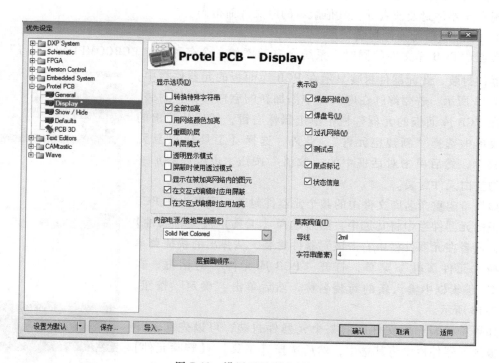

图 7-10　设置显示原点标记

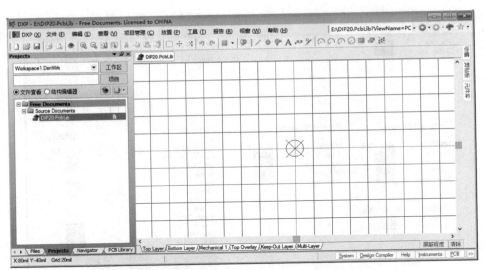

图 7-11　新设置的元器件封装设计环境

7.2　绘制元器件封装

进入 PCB 库文件设计环境，并设置好环境参数以后，就可以开始制作元器件封装了。元器件封装的制作方法有很多种，可以手动绘制，可以利用封装向导自动生成，也可以通过修改现有元器件封装或者导入其他版本的库文件而得到。

7.2.1　添加空白元器件封装

在创建 PCB 库文件的同时，系统会自动添加一个名称为"PCBCOMPONENT_ 1"的空白元器件封装，此元器件封装显示在 PCB 库面板的元器件栏中，如图 7-12 所示。若要继续在库文件中添加新的空白元器件封装，可以在 PCB 库面板的元器件栏中单击鼠标右键，然后从弹出的快捷菜单中选择"新建空元件"。此外，选择【工具】→【新元件】菜单，然后单击对话框中的"取消"按钮，也可以添加一个新的空白元器件封装。

如果希望重命名库文件中的某个元器件封装，可以先在 PCB 库面板的元器件栏中将其选中，然后选择【工具】→【元件属性】菜单，或者在元器件栏中右击该元器件封装，从弹出的快捷菜单中选择"元件属性"菜单，打开"PCB 库元件"对话框，在"名称"编辑框中输入新的封装名称，然后单击"确定"按钮，如图 7-13 所示。

如果希望删除库文件中的某个元器件封装，可以先在 PCB 库面板的元器件栏中将其选中，然后选择【工具】→【删除元件】菜单，或者在元器件栏中右击该元器件封装，从弹出的快捷菜单中选择"清除"菜单，此时会弹出 Confirm 对话框，直接单击 yes

图 7-12　PCB 库面板

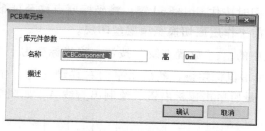

图 7-13 "PCB 库元件"对话框

图 7-14 放置工具栏

按钮即可。

7.2.2 手动绘制元器件封装

手动绘制元器件封装时,需要用到直线、圆弧、焊盘和字符串等工具,这些工具位于放置工具栏中,如图 7-14 所示,把鼠标放置在相应的图标上,就会显示其名称和功能。关于这些工具的功能和用法,前面的章节已经做过介绍,这里不再赘述。

前面曾提到,元器件封装主要由元器件外形、焊盘和必要的注释组成。在绘制元器件封装时,一般将元器件外形放置在顶层丝印层(Top Overlay),将通孔式焊盘放置在多层(Multi-Layer),将贴片式焊盘放置在顶层(Top Layer)。

下面,以制作双列直插式元器件封装"DIP20"为例,具体介绍一下手动绘制元器件封装的方法。在绘制元器件封装之前,我们要掌握元器件封装的安装方式、外形尺寸、引脚类型、引脚数量和引脚排列等信息。此处要制作的元器件封装"DIP20"所对应的元器件外观和引脚排列如图 7-15 所示。

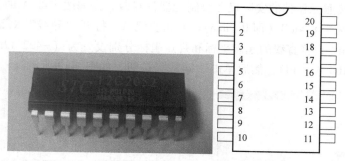

图 7-15 元器件封装"DIP20"的外观和引脚排列

1)单击工作区窗口右下方的"PCB Library"标签,打开 PCB 库面板,在元件栏中双击由系统默认添加的元器件封装"PCBComponent_1",打开"PCB 库元件"对话框,在"名称"编辑框中输入"DIP20",然后单击"PCB 库元件"对话框中的"确定"按钮,如图7-16所示。

图 7-16 重命名元器件封装

2）在计算机键盘上同时按住 Ctrl+End 键，将坐标原点移至屏幕中央。单击工作区下方的"Top Overlay"，将当前工作层面切换至顶层丝印层。

3）单击放置工具栏中的 ![] "放置直线"按钮，将光标变为十字形状，将其移至坐标为（-500，100）的点处并单击鼠标左键，然后水平向右移动光标，在坐标为（500，100）的点处再次单击鼠标左键，最后单击鼠标右键，绘制出直线 A，如图 7-17 所示。

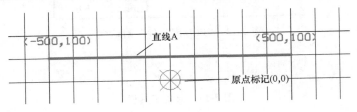

图 7-17　绘制直线 A

4）同样的方法，以坐标为（500，100）、（500，-100）的两点为端点绘制出直线 B；以坐标为（500，-100）和（-500，-100）的点为端点绘制出直线 C，如图 7-18 所示。

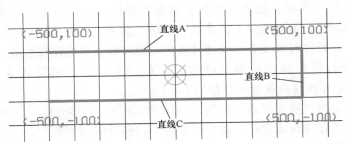

图 7-18　绘制直线 B 和 C

5）为了严格按照元器件的实际尺寸绘制元器件封装，需修改直线 A 的长度为 984.252mil（即 25mm），宽度为 7.874mil（即 0.2mm）。双击直线 A，打开"导线"对话框，将直线的宽度设置为"7.874mil"，将直线的起点坐标和终点坐标分别设置为（-492.126mil，104.331mil）和（492.126mil，104.331mil），然后单击"确认"按钮，如图 7-19 所示。

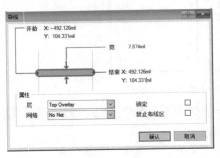 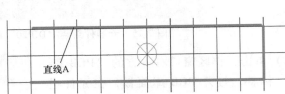

图 7-19　修改直线 A 的属性

6）参照如图 7-20 所示参数设置修改直线 B 的宽度、起点坐标和终点坐标（直线 B 的长度为 208.662mil，即 5.3mm）；参照如图 7-21 所示参数设置修改直线 C 的宽度、起点坐标和终点坐标。

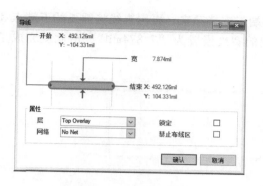

图 7-20　直线 B 的属性

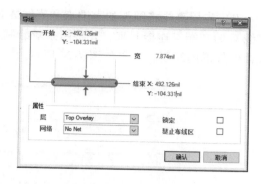

图 7-21　直线 C 的属性

7）单击放置工具栏中的"中心法放置圆弧"按钮，光标变成十字形状，将其移至坐标为（-500，0）的点处并单击鼠标左键，确定圆弧的圆心，然后水平向右移动光标，在坐标为（-460，0）的点处单击鼠标左键，确定圆弧的半径，再将光标移至坐标为（-500，-40）的点处并单击鼠标左键，确定圆弧的起点，然后将光标移至坐标为（-500，40）的点处并单击鼠标左键，确定圆弧的终点，最后单击鼠标右键，绘制出一段半圆弧，如图 7-22 所示。

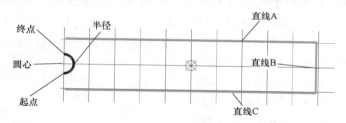

图 7-22　绘制圆弧

8）双击新绘制的圆弧，打开"圆弧"对话框，将圆弧的圆心坐标设置为（-492.126mil，0mil），将圆弧的半径设置为"25mil"，并将圆弧的宽度设置为"7.874mil"，然后单击"圆弧"对话框中的"确认"按钮，如图 7-23 所示。

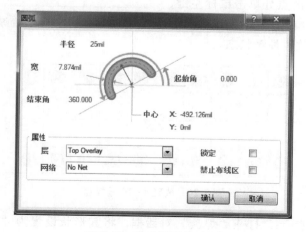

图 7-23　修改圆弧的属性

9）先用直线将圆弧的上端点和直线 A 的左端点连接起来，再用直线将圆弧的下端点和直线 C 的左端点连接起来，并将两条新绘制直线的宽度设置为"7.874mil"，由此就完成了元器件外形的绘制，效果如图 7-24 所示。

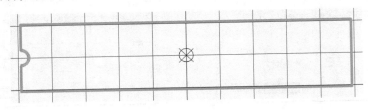

图 7-24　元器件外形效果

10）下面开始为元器件封装放置焊盘。单击标准工具栏中的 ▦▾ 按钮，从弹出的下拉列表中选择"10mil"。此时捕获网格的大小将由原来的 20mil 变为 10mil。

11）单击放置工具栏中的 ◉"放置焊盘"按钮，光标变为十字形状，同时带有一个焊盘符号◈，按计算机键盘上的 Tab 键打开"焊盘"对话框，将焊盘的形状设置为"Round"（圆形），将焊盘 X，Y 方向的尺寸（X-尺寸，Y-尺寸）均设置为"59.055mil"，将焊盘的孔径设置为"35.433mil"，将焊盘的标识符（编号）设置为"1"，然后单击"焊盘"对话框"确认"按钮，如图 7-25 所示。

12）移动十字光标，依次在坐标为（-450，-150）、（-350，-150）、（-250，-150）、（-150，-150）、（-50，-150）、（50，-150）、（150，-150）、（250，-150）、（350，-150）、（450，-150）、（450，150）、（350，150）、（250，150）、（50，150）、（-50，150）、（-50，150）、（-150，150）、（-250，150）、（-350，150）、（-450，150）的点处单击鼠标左键，放置第 1~20 号焊盘，如图 7-26 所示。然后单击鼠标右键，退出放置焊盘状态。

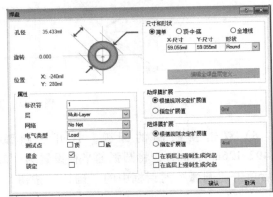

图 7-25　设置焊盘属性

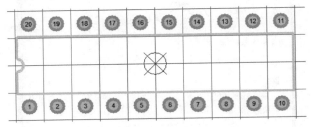

图 7-26　放置 1~20 号焊盘

13）双击 1 号焊盘①，打开"焊盘"对话框，将其形状设置为"Rectangle"（方形），然后单击"焊盘"对话框的"确认"按钮，1 号焊盘变成①，如图 7-27 所示。

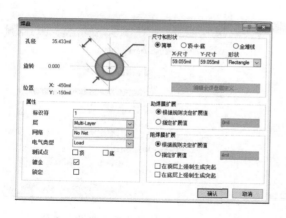

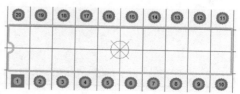

图 7-27　修改 1 号焊盘的形状

14）在 PCB 库面板的元器件栏中双击元器件封装"DIP20"，打开"PCB 库元件"对话框，在"高"编辑框中输入"200mil"，在"描述"编辑框中输入"DIP；20 Leads；Row Spacing 300mil；Pitch 100mil"，然后单击"确认"按钮，如图 7-28 所示。

15）单击标准工具栏中的"保存当前文件"按钮，对设计好的元器件封装"DIP20"进行保存。

保存完 PCB 库文件（.PcbLib）以后，就可以在设计 PCB 图时将其加载到"元件库"面板中使用了，这点与原理图库文件（.SchLib）类似。

在绘制元器件封装时，一般将原点作为参

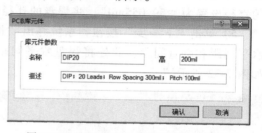

图 7-28　设置元器件封装 DIP20 的属性

考点，即以原点为中心绘制元器件封装。参考点是在 PCB 图中放置、移动和旋转元器件封装的基准点，用于对元器件封装进行定位。有些标准芯片的元器件封装也将参考点设置在引脚 1（焊盘）上，方法为【编辑】→【设定参考点】→【引脚 1】菜单。

7.2.3　用向导制作元器件封装

上一节我们学习手动绘制元器件封装，这一节我们学习利用元器件封装向导，通过逐步设定各种参数，让系统自动生成元器件封装。此方法方便快捷，特别适合制作标准的元器件封装。下面，我们还是以制作双列直插式元器件封装"DIP20"为例，介绍一下元器件封装向导的用法。

1）首先创建一个 PCB 库文件"DIP20.PcbLib"，然后单击窗口左下方的"PCB Library"标签，打开 PCB 库面板。

2）选择【工具】→【新元件】菜单，或者在 PCB 库面板的元器件栏中单击鼠标右键，从弹出的快捷菜单中选择"元件向导"，打开"元件封装向导"对话框，如图 7-29 所示。

3）单击"元件封装向导"对话框中的"下一步"按钮，系统弹出"Component Wizard"对话框，进入选择元器件封装类型界面，用于设定元器件的外形。单击选择"Dual in-line Package（DIP）"（双列直插式封装）项，然后在"选择单位"下拉列表框中选择

Imperial (mil)　（英制单位 mil）项，如图 7-30 所示。

图 7-29　元器件封装向导初始界面　　　　图 7-30　选择封装类型并设置单位

4）单击选择元器件封装类型界面中"下一步"按钮，系统弹出"设置焊盘尺寸"对话框，设定焊盘尺寸，这些尺寸被直观地标注在对话框的示意图中，修改这些尺寸非常简单，只要将鼠标移动到对应的尺寸上，单击左键就能重新设定焊盘尺寸。根据实际情况，将焊盘的直径设置为"59.055mil"，将焊盘的孔径设置为"35.433mil"，如图 7-31 所示。

5）单击"下一步"按钮，系统弹出"设置焊盘间距"对话框，此界面可以设置焊盘的水平间距和垂直间距，此处将焊盘水平间距设置为"300mil"，垂直间距设置为"100mil"，如图 7-32 所示。"

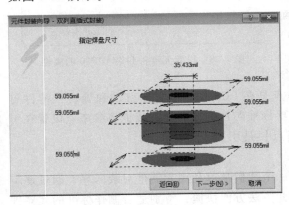

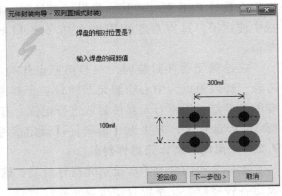

图 7-31　设定焊盘尺寸　　　　　　图 7-32　焊盘间距设置

6）单击"下一步"按钮，系统弹出"轮廓宽度设置"对话框，此处设置轮廓宽度为"7.874mil"，如图 7-33 所示。

7）单击"下一步"按钮，系统弹出"焊盘总数设置"对话框，此处设置焊盘总数为20，如图 7-34 所示。

8）单击"下一步"按钮，系统弹出"元件封装命名"对话框，在中间的编辑框中输入"DIP20"，如图 7-35 所示。

9）单击"下一步"按钮，系统弹出"元器件完成设计"对话框，如图 7-36 所示。如果不需要修改，则单击 Finish 按钮；如果需要修改，则单击"返回"按钮，逐级返回进行修改。

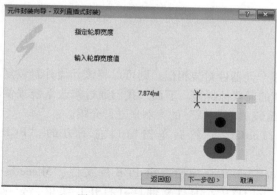

图 7-33　轮廓宽度设置

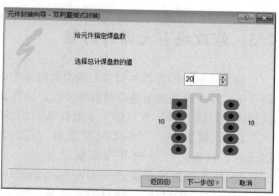

图 7-34　焊盘总数设置

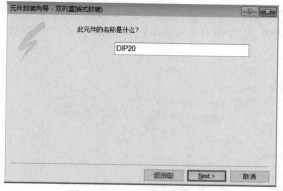

图 7-35　元器件名称的设置

图 7-36　元器件完成设计

10）单击图 7-36 中的 Finish 按钮，完成设计，可以在 PCB 编辑器看到利用向导所设计的元器件封装，如图 7-37 所示。

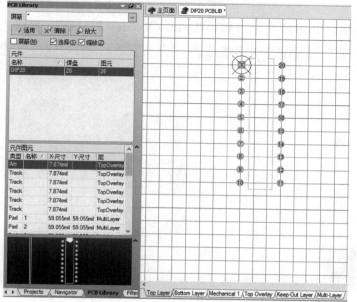

图 7-37　完成的 DIP20 封装设计

7.3 修改现有元器件封装

如果要制作的元器件封装与现有封装库中的某个元器件封装相似，则可以将该元器件封装复制一份，并在此基础上进行编辑和修改，以得到新的元器件封装。下面，我们通过修改系统提供的元器件封装"BCY-W3/E4"来制作新的元器件封装"TO92-A"的案例来进行介绍。

1）首先新建一个 PCB 库文件"TO92-A.PcbLib"，然后单击窗口左下方的"PCB Library"标签，打开 PCB 库面板。

2）从系统集成库文件"Miscellaneous Devices.IntLib"中抽取出 PCB 库文件"Miscellaneous Devices.PcbLib"。抽取的方法是：单击 Protel DXP 2004【文件】→【打开】菜单，会弹出"Choose Document to Open"对话框，选择集成库文件（.IntLib），这里选择"Miscellaneous Devices.IntLib"库文件，单击"打开"按钮，然后在弹出的对话框中单击"抽取源"按钮，系统就会将集成库中包含的 PCB 库文件（.PcbLib）都抽取出来，并存放在同目录下的同名文件夹中，如图 7-38 所示。

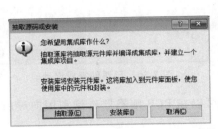
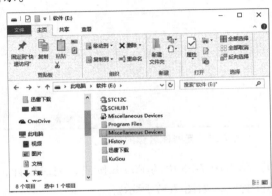

图 7-38　抽取集成库中的 PCB 库文件

3）打开抽取出的 PCB 库文件"Miscellaneous Devices.PcbLib"，如图 7-39 所示。

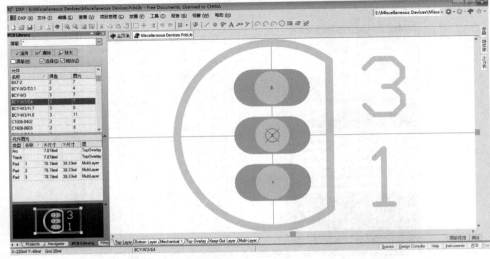

图 7-39　打开 PCB 库文件"Miscellaneous Devices.PcbLib"

4）在 PCB 库面板的元器件栏中找到元器件封装 "BCY-W3/E4"，然后右击该元器件封装，从弹出的快捷菜单中选择 "复制" 菜单，或者选中该元器件封装后，选择【编辑】→【复制元件】菜单。

5）单击工作区上方的  标签，切换至 "TO92-A.PcbLib" 库文件窗口，在 PCB 库面板的元器件栏中单击鼠标右键，从弹出的快捷菜单中选择 "Paste 1 Components"（粘贴元件）菜单，或者选择【编辑】→【粘贴元件】菜单，即可将元器件封装 "BCY-W3/E4" 复制到库文件 "TO92-A.PcbLib" 中，如图 7-40 所示。

图 7-40　粘贴元器件封装

6）鼠标右击工作区上方的 Miscellaneous Devices.PcbLib 标签，从弹出的快捷菜单中选择 "Close Miscellaneous Devices.PcbLib" 菜单，将该库文件窗口关闭。

7）在 PCB 库面板的元器件栏中选中新复制的元器件封装 "BCY-W3/E4"，然后在工作区双击原 3 号焊盘，打开 "焊盘" 对话框，将其标识符修改为 "2"，并单击 "确认" 按钮，如图 7-41 所示。

8）用同样的方法，将原 2 号焊盘的标识符修改为 "3" 如图 7-42 所示。

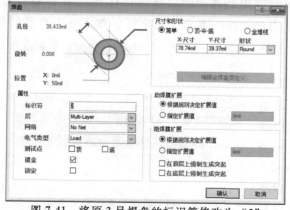

图 7-41　将原 3 号焊盘的标识符修改为 "2"

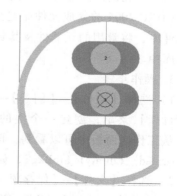

图 7-42　将原 2 号焊盘的标识符修改为 "3"

9）双击注释"3"，打开"字符串"对话框，将其文本修改为"2"，然后单击"确认"按钮，如图 7-43 所示。

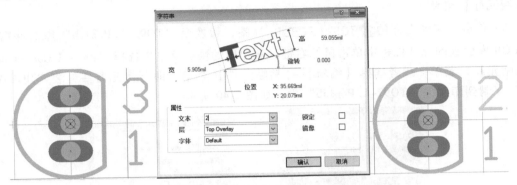

图 7-43　将注释"3"修改为"2"

10）在 PCB 库面板的元器件栏中双击元器件封装"BCY-W3/E4"，打开"PCB库元件"对话框，将其名称修改为"TO92-A"，然后单击"确认"按钮，如图 7-44所示。

11）将元器件栏中由系统默认添加的空白元器件封装 PCBCOMPONENT_1 删除，然后单击标准工具栏中的"保存当前文件"按钮，对制作好的元器件封装进行保存。

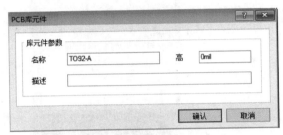

图 7-44　重命名修改后的元器件封装

7.4　实训　创建集成元件库

1. 实训要求

制作单片机芯片 STC12C2052 的集成元件库，元件库命名为"MyIntLib. IntLib"。

2. 分析

当用户在调用元器件时，总希望能够同时调用元器件的原理图符号及 PCB 封装符号。Protel DXP 2004 的集成元件库完全能够满足用户的这一要求。用户可以建立一个自己的集成元件库，将常用的元器件及其封装模型一起放在该库中。

3. 操作步骤

1）选择【文件】→【创建】→【项目】→【集成元件库】菜单，创建一个空的集成元器件库包。从工作区面板中可以看到，该空库的名称为"Integrated_ Library1. LibPkg"，如图 7-45 所示。

2）选择【文件】→【保存项目】菜单，在文件名一栏中输入"MyIntLib"，并选择保存路径

图 7-45　新建的集成库文件包

为"E：\ "（此路径可以自己选择和修改），单击"保存"按钮，对创建的集成元件库进行保存，如图 7-46 所示。

3）将光标移到工作区面板中新创建的集成库文件包文件，单击鼠标右键，弹出下拉菜单，如图 7-47所示。

4）选择"追加已有的文件到项目中"，弹出Choose Documents to Add to Project【MyIntLib. LIBPKG】对话框，如图 7-48 所示。找到要添加到库包中的原理图库、PCB 库、Protel 99SE 库、Spice 模型或信号完

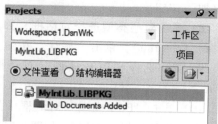

图 7-46　保存后的集成库文件包

成性分析模型等，然后将这些文件添加到新创建的集成元件库项目中。本例添加原理图库文件 STC12C. SchLib 及上一节所创建的 DIP20 元器件封装库 DIP20. PcbLib 到该集成元件库项目中。

图 7-47　集成库文件包文件下拉菜单

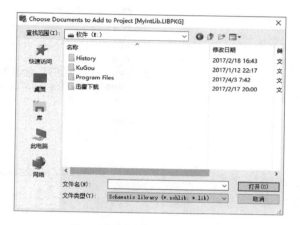

图 7-48　选择要添加的库文件

5）单击"打开"按钮，即可将需要的库文件添加到该集成库文件包中，此时，工作区面板的 Projects 项如图 7-49 所示，显示已经添加上了库文件 STC12C. SCHLIB 和 DIP20. PcbLib。

6）双击图 7-49 中的 STC12C. SCHLIB，再单击工作面板区下部的 SCH Library 选项卡，弹出如图 7-50 所示的对话框。

图 7-49　添加库文件后的 Projects 面板

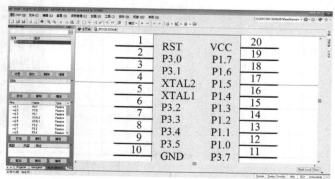

图 7-50　原理图编辑器

7）在元器件列表框中选中要编辑的元器件"STC12C2052"，然后在"模型"部分单击"追加"按钮。

8）弹出模型类型选择对话框，如图7-51所示，选择"Footprint"，单击"确认"按钮。

9）弹出选择"PCB模型"对话框，如图7-52所示。

10）单击"PCB模型"对话框中的"浏览"按钮，弹出"库浏览"对话框，如图7-53所示。

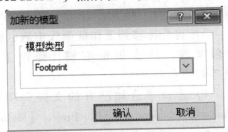

图7-51　添加元器件模型信息

11）在"库浏览"对话框中选择合适的PCB封装后，单击"确认"按钮即可。本例中选择DIP20封装。

图7-52　"PCB模型"对话框

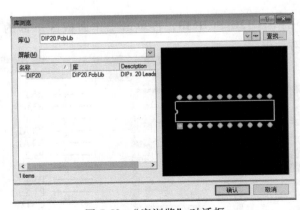

图7-53　"库浏览"对话框

12）执行【项目管理】→【Compile Integrated Library】菜单命令，将这些文件编译到一个集成库中。在编译过程中，如果有错误，则这些错误会显示在消息面板中，修改这些错误后重新编译，直至没有错误为止，编译结果如图 7-54 所示。

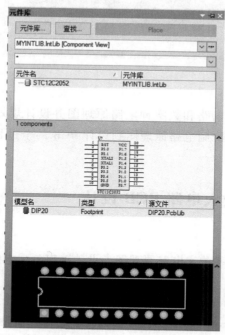

图 7-54　编译添加用户新建的元器件后的集成元件库

　　这样就完成了集成元件库的创建和编译，一个新的集成元件库将以"MyIntLib. intlib"命名存储，并且出现在库面板中以供用户使用。当用户绘制原理图调用该元器件时，也同时调用原理图符号和 PCB 封装，使用非常方便。

7.5　思考与练习

　　1. 在手工绘制元器件封装之前，应该如何设置元器件封装参数？
　　2. 创建 PCB 封装库文件的基本步骤有哪些？
　　3. 新建一个 PCB 封装库文件，并以"Exercise7_1. PcbLib"为文件名，保存在路径"E：\ Chapter7"中。
　　4. 已知数模转换 ADC0831 芯片的外形如图 7-55 所示，该元器件采用 DIP-8 封装，要求如下：
　　1）创建原理图库文件"Exercise7_2. SCHLIB"。
　　2）绘制元器件的 PCB 封装，并创建相应的 PCB 元器件封装库文件"Exercise7_2. PCBLIB"。
　　3）创建一个集成元件库"Exercise7_2. LIBPKG"，将原理图库文件"Exercise7_2. SCHLIB"和 PCB 元器件封装库文件"Exercise7_2. PCBLIB"集成到其中。
　　4）保存在路径"E：\ Chapter7"中。

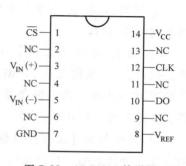

图 7-55　ADC0831 外形图

第8章　综合实训

本章通过绘制功率放大电路和数字钟电路原理图并设计规划这两个电路的 PCB，让读者完成从制作集成元件库、绘制电路原理图到设计 PCB 的全过程，达到巩固、掌握和应用所学内容的目的。

8.1　实训1　功率放大电路 PCB 设计

8.1.1　实训要求

根据如图 8-1 所示的功率放大电路原理图，设计功率放大电路 PCB。

8.1.2　分析

在图 8-1 中有 2 插座、6 个电阻、1 个电位器、3 个电容、3 个晶体管、2 个二极管、1 个扬声器。其中电位器 RP1 在 Protel DXP 2004 SP2 软件自带的库中没有，因此在绘制功率放大电路的原理图和 PCB 图之前需要先制作电位器的原理图元件和封装图。

8.1.3　制作集成元件库

1. 创建集成元件库项目

选择菜单【文件】→【创建】→【项目】→【集成元件库】，创建一个集成元件库项目，保存集成元件库项目，文件名为"Integrated _ Library1"。

2. 创建原理图元件库文件和 PCB 封装库文件

1）选择菜单【文件】→【创建】→【库】→【原理图库】，创建一个原理图元件库文件，保存原理图库，文件名为"Schlib"。

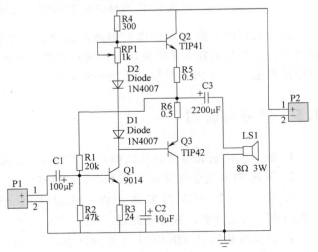

图 8-1　功率放大电路原理图

2）选择菜单【文件】→【创建】→【库】→【PCB 库】，创建一个 PCB 封装库文件，保存 PCB 库，文件名为"PcbLib"。

完成后，创建的集成元件库项目、原理图库和 PCB 库文件名显示在 Project 面板中，如图 8-2 所示。

3. 制作原理图库

1）打开 Schlib 文件，单击面板标签上的 SCH Library，将面板切换到原理图库面板。

2）在 SCH Library 工作面板的"元件"区域中，单击默认元件 Component_ 1，选择菜单【工具】→【重新命名元件】，弹出 Rename Component（重新命名元件）对话框，输入元件名称"电位器"，如图 8-3 所示，单击"确认"，此时"元件"区域中的默认元件名称为"电位器"，如图 8-4 所示。

图 8-2　创建的元件库文件

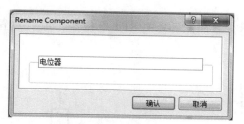

图 8-3　原理图元件重命名对话框

图 8-4　"元件"区域

3）绘制电位器元件图。

① 选择菜单【文件】→【打开】工具，弹出文件打开对话框，在 Protel DXP 2004 SP2 软件的安装目录下，选择 Library，在 Library 文件夹中双击 Miscellaneous Devices 文件，如图8-5 所示，在弹出的"抽取源码或安装"对话框中单击"抽取源"按钮，如图 8-6 所示。

图 8-5　"打开"对话框

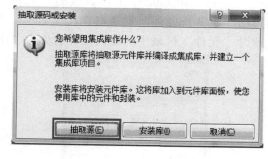

图 8-6　"抽取源码或安装"对话框

② 将左面的面板切换到 Projects，此时 Miscellaneous Devices. SchLib 文件显示在面板中，如图 8-7 所示。双击 Miscellaneous Devices. SchLib，然后将面板切换到 SCH Library，在搜索栏输入"RPot"，如图 8-8 所示。此时 RPot 的元件图出现在绘图界面中，选择 RPot 的元件图，然后单击"复制"。

图 8-7 "Projects"面板

图 8-8 SCH Library 面板

③ 将面板到切换到 Projects，双击 Schlib.SCHLIB，选择"粘贴"，将 RPot 的元件图粘贴到电位器绘图区域中心附近，如图 8-9 所示。

④ 删除元件图中的折线部分，如图 8-10 所示。参照图 8-2 中 RP1 电位器，用"放置直线"工具绘制一个矩形，如图 8-11 所示。

⑤ 单击"保存"。

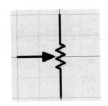

图 8-9 RPot 元件图

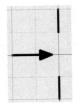

图 8-10 删除折线后的元件图

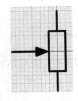

图 8-11 修改完成的电位器元件图

4. 制作 PCB 库

1）打开 PCB 封装库文件，单击面板标签上的 PCB Library，将面板切换到 PCB Library 面板，如图 8-12 所示。

2）制作电位器封装。

① 在 PCB Library 工作面板的"元件"区域中，双击默认元件 PCBCOMPONENT_ 1，弹出"PCB 库元件"对话框，在"名称"处输入 PCB 元件名称"电位器"，单击【确认】，此时"元件"区域中的默认元件名称为"电位器"，如图 8-13 所示。

图 8-12 PCB Library 面板

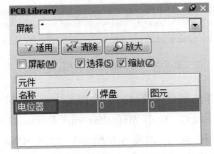

图 8-13 PCB Library 面板的"元件"区域

② 放置焊盘。

a. 选择菜单【工具】→【库选择项】工具，弹出"PCB 板选择项"对话框，在"测量单位"处选择 Metric，如图 8-14 所示，单击"确认"。

b. 执行菜单命令【放置】→【焊盘】或单击放置工具栏中的 ，此时鼠标光标上带了一个浮动的焊盘，按下键盘上的 Tab 键，打开"焊盘"属性对话框，设置焊盘的参数，如图 8-15 所示。连续单击鼠标左键，放置 3 个焊盘，焊盘的标识符分别是 1~3。

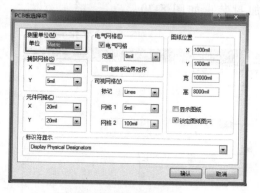

图 8-14　选择"测量单位"

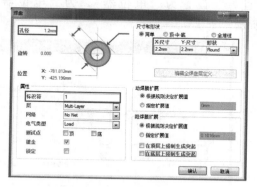

图 8-15　焊盘属性对话框

c. 选择菜单【编辑】→【设定参考点】→【引脚】工具，用鼠标左键单击标识符为"1"的焊盘，将标识符为"1"的焊盘中心设置为坐标原点，如图 8-16 所示。

d. 双击标识符为"2"的焊盘，弹出"焊盘"属性对话框，在"位置"处修改焊盘中心的 X 和 Y 坐标，如图 8-17a 所示，使它和标识符为"1"焊盘的水平距离为 5mm，垂直方向在一条水平线上。用同样的方法依次修改标识符为"3"焊盘的位置坐标，如图 8-17b 所示，使它和标识符为"1"焊盘的水平距离为 2.5mm，垂直距离为 5mm。

图 8-16　放置焊盘

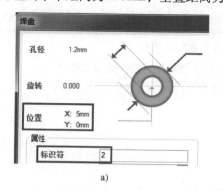

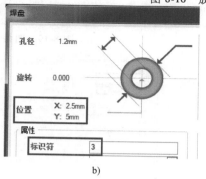

a)　　　　　　　　　　　　　　　　b)

图 8-17　焊盘的位置坐标

a) 焊盘"2"的位置坐标　b) 焊盘"3"的位置坐标

③ 绘制封装外轮廓线。将当前板层切换为顶层丝印层（Top Overlay），使用"放置直线"工具绘制封装外轮廓线，如图 8-18 所示。双击"直线"，弹出"导线"属性对话框，通过修改导线"开始"点和"结束"点坐标来确定导线的长度以及相对于焊盘的位置，四条导线的属性如图 8-19 所示。

④ 保存。

5. 编辑元器件属性

单击面板标签 Project，打开 Project 面板。选择 Schlib. SCHLIB 文件，单击面板标签 SCH Library，在 SCH Library 面板的"元件"区域，选择"电位器"，单击"编辑"按钮，打开元件属性对话框，将"Default Designator（默认标识符）"设置为"RP?"，将"注释"设置为"电位器"，为"电位器"追加封装，如图 8-20 所示。

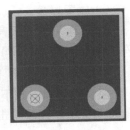

图 8-18 绘制封装
外轮廓线

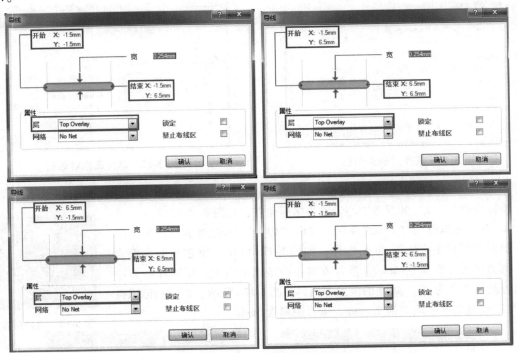

图 8-19 四条封装外轮廓线的属性

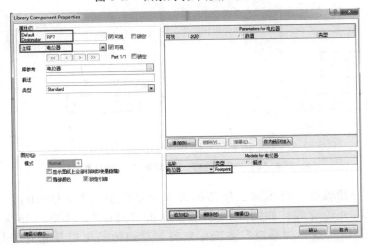

图 8-20 电位器元件属性对话框

6. 编译集成元件库

选择菜单【项目管理】→【Compile Integrated Library 1. LibPkg】，编译集成元件库，生成 Integrated Library1. IntLib 文件，通过 Message 对话框查看集成元件库是否有错误。如有错误，修改后重新编译，直到没有错误为止。

8.1.4 创建项目文件

首先创建一个 PCB 项目，然后在 PCB 项目下新建一个原理图文件和一个 PCB 文件。

1. 创建 PCB 项目

选择菜单【文件】→【创建】→【项目】→【PCB 项目】命令，在左边的 "Projects" 工作面板中将出现一个新建的 PCB 项目文件，默认的名称为 "PCB_ Project1. PrjPCB"。用鼠标右键单击该项目文件，在弹出的快捷菜单中选择菜单命令 "保存项目"，系统将会弹出项目文件保存对话框。在对话框中选择保存路径并输入项目文件名称 "功率放大电路"，单击 "保存" 按钮，保存该项目文件。

2. 创建原理图文件

选择菜单【文件】→【创建】→【原理图】命令，在左边 "Projects" 工作面板的 "功率放大电路 . PrjPCB" PCB 项目文件下新建一个原理图文件，默认的名称为 "sheet1. SchDoc"。用鼠标右键单击该原理图文件，在弹出的快捷菜单中选择菜单命令 "保存"，系统将会弹出原理图文件保存对话框。在对话框中选择保存路径并输入原理图文件名称 "功率放大电路原理图"，单击 "保存" 按钮，保存该原理图文件。

3. 创建 PCB 文件

选择菜单【文件】→【创建】→【PCB 文件】命令，在左边 "Projects" 工作面板的 "功率放大电路 . PrjPCB" PCB 项目文件下新建一个 PCB 文件，默认的名称为 "PCB1. PcbDoc"。用鼠标右键单击该 PCB 文件，在弹出的快捷菜单中选择菜单命令 "保存"，系统将会弹出 PCB 文件保存对话框。在对话框中选择保存路径并输入 PCB 文件名称 "功率放大电路 PCB"，单击 "保存" 按钮，保存该 PCB 文件。

8.1.5 绘制原理图

1. 设置原理图图纸

执行菜单命名【设计】→【文档选项】，在弹出的对话框中单击 "图纸选项"，如图 8-21 所示。将图纸类型设置为 "自定义风格"，宽度设置为 "900"，高度设置为 "600"，不显示图纸明细表及参考区，"可视" 和 "捕获" 均设置为 "10"，"电气网格" 设置为 "4"。

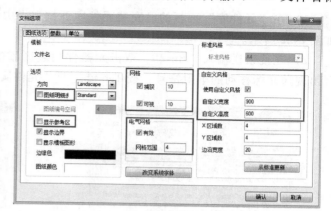

图 8-21 "文档选项" 对话框

2. 加载原理图库

功率放大电路中包含的元器件类型有：电阻、电容、晶体管、二极管、扬声器等。这些元器件在集成库 Miscellaneous Devices. IntLib 中可以找到。两孔插座在集成库 Miscellaneous Connectors. IntLib 中可以找到。当创建原理图时，这两个集成元件库会自动加载。如果在已安装元件库列表中没有这两个集成元件库，可通过以下步骤加载：

1）单击原理图编辑器窗口右侧面板标签中的"元件库"标签，弹出"元件库"面板。

2）单击"元件库"按钮，系统弹出"可用元件库"对话框。

3）单击"安装"标签，然后单击右下角的"安装"按钮，系统将会弹出加载原理图元件库文件对话框。在 Protel DXP 2004 库安装目录下找到 Miscellaneous Devices. IntLib 后，双击或单击"打开"按钮，即可加载该集成元件库。

在 8.1.3 中制作的电位器集成元件库，编译完成后，会自动加载到已安装元件库列表中。如果已安装元件库中没有，需要按照上述步骤加载。

3. 放置元器件

功率放大电路中的元器件的参考名称及所在元件库见表 8-1。

表 8-1 元器件列表

元件类型	参考名称	所在元件库
电阻	Res2	Miscellaneous Devices. IntLib
电容	Cap Pol2	Miscellaneous Devices. IntLib
二极管	Diode 1N4007	Miscellaneous Devices. IntLib
晶体管（NPN）	2N3904	Miscellaneous Devices. IntLib
晶体管（PNP）	2N3906	Miscellaneous Devices. IntLib
扬声器	Speaker	Miscellaneous Devices. IntLib
插座	Header 2	Miscellaneous Connectors. IntLib
电位器	电位器	Integrated Library1. IntLib

1）在"元件库"面板的已安装元件库下拉列表中选择"Miscellaneous Devices. IntLib"，如图 8-22 所示。

2）在搜索栏输入"Res2"，双击元器件列表区域的"Res2"，如图 8-23 所示，在绘图区出现随光标移动的电阻符号，按 Tab 键打开"元件属性"设置对话框。

图 8-22 选择集成元件库"Miscellaneous Devices. IntLib"

图 8-23 搜索"Res2"元件

3）将"元件属性"对话框"标识符"中的"R？"改为"R1"，将"注释"栏右侧的"可视"复选框前面的"对钩"去掉，将右面"Parameters for R？-Res2"区域中最后一行"Value"右侧的数值"1k"改为"20k"，将"Models for R1-Res2"区域中的最后一行"Footprint"左侧的封装名称设置为 AXIAL-0.4，如图 8-24 所示。

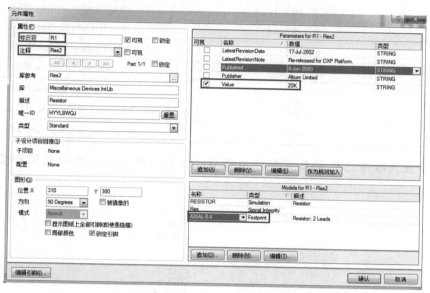

图 8-24 "元件属性"对话框

4）单击"确认"按钮后，按<空格>键一次将元器件旋转 90°成垂直方向，将光标移动到绘图区域合适位置，再单击鼠标左键放置电阻 R1。

5）按 Tab 键，再次打开"元件属性"对话框，将右面 Parameters for R2-Res2 区域中最后一行"Value"右侧的数值改为"47k"，按照第 4）步的方法放置电阻 R2。

6）依次放置电阻 R3、R4、R5、R6。所有电阻放置完成后，按鼠标右键结束电阻放置状态。

7）按照上述步骤依次放置电容、二极管、晶体管、插座、电位器，元器件封装参照表 8-2。

表 8-2　元器件封装

标识符	封装	所在集成库
R1	AXIAL-0.4	Miscellaneous Devices. IntLib
R2	AXIAL-0.4	Miscellaneous Devices. IntLib
R3	AXIAL-0.4	Miscellaneous Devices. IntLib
R4	AXIAL-0.4	Miscellaneous Devices. IntLib
R5	AXIAL-0.4	Miscellaneous Devices. IntLib
R6	AXIAL-0.4	Miscellaneous Devices. IntLib
RP1	电位器	Integrated Library1. IntLib
C1	CAPPR2-5x6.8	Miscellaneous Devices. IntLib
C2	CAPPR2-5x6.8	Miscellaneous Devices. IntLib

（续）

标识符	封装	所在集成库
C3	CAPPR2-5x6.8	Miscellaneous Devices. IntLib
D1	DIO10.46-5.3x2.8	Miscellaneous Devices. IntLib
D2	DIO10.46-5.3x2.8	Miscellaneous Devices. IntLib
Q1	BCY-W3/E4	Miscellaneous Devices. IntLib
Q2	BCY-W3/E4	Miscellaneous Devices. IntLib
Q3	BCY-W3/E4	Miscellaneous Devices. IntLib
LS1	PIN2	Miscellaneous Devices. IntLib
P1	HDR1X2	Miscellaneous Connectors. IntLib
P2	HDR1X2	Miscellaneous Connectors. IntLib

8）放置完元器件之后调整元器件的位置、方向，调整完成的电路原理图如图 8-25 所示。

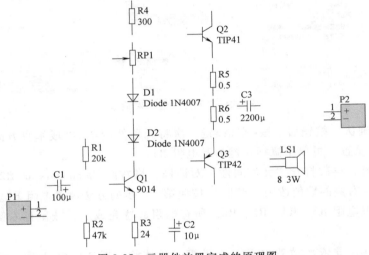

图 8-25　元器件放置完成的原理图

4. 放置导线

单击工具栏中的 按钮，根据电路原理图，将各元器件引脚用导线连接起来。连线过程中，如果 C1 到 Q1 与 R1 到 R2 连线之间的十字交叉处没有出现连接点"·"，则通过选择菜单【放置】→【手工放置节点】来完成。

8.1.6　设计 PCB

1. 设置 PCB 工作环境参数

按快捷键"Q"将坐标单位切换为"mil"。执行【编辑】→【原点】→【设定】，将坐标原点设定在图纸左下角位置，如图 8-26 所示。

2. 设置 PCB 物理边界

执行菜单命令【设计】→【PCB 板形状】→【重定义 PCB 板形状】，移动十字光标到坐标原点，单击鼠标左键，确定 PCB 的一个顶点；水平向右移动十字光标，当 X 坐标为

3000mil，Y 坐标为 0mil 时，单击鼠标左键，确定 PCB 的第二个顶点；垂直向上移动十字光标，当 X 坐标为 3000mil，Y 坐标为 2000mil 时，单击鼠标左键，确定 PCB 的第三个顶点；水平向左移动十字光标，当 X 坐标为 0mil，Y 坐标为 2000mil 时，单击鼠标左键，确定 PCB 的第四个顶点；垂直向下移动十字光标到坐标原点，单击鼠标左键；单击鼠标右键，退出命令状态。这样规划出来的 PCB 长 3000mil，宽 2000mil。此时若无法将十字光标准确地移动到

图 8-26 设置完的坐标原点

指定坐标位置，可以将捕获栅格尺寸改为 X = 100，Y = 100。

3. 设定 PCB 的电气边界

1）单击工作区下方的 "Keep-Out Layer" 板层选项卡，将禁止布线层切换为当前层。

2）执行菜单命令【放置】→【禁止布线区】→【导线】，进入放置直线的命令状态。

3）移动十字光标到第一点（X 坐标为 50mil，Y 坐标为 50mil），单击鼠标左键，确定电气边界的起点。

4）移动十字光标到第二点（X 坐标为 2950mil，Y 坐标为 50mil），单击鼠标左键。

5）移动十字光标到第三点（X 坐标为 2950mil，Y 坐标为 1950mil），单击鼠标左键。

6）移动十字光标到第四点（X 坐标为 50mil，Y 坐标为 1950mil），单击鼠标左键。

7）移动十字光标到坐标原点，单击鼠标左键，单击鼠标右键或按下键盘上的 Esc 键，完成电气边界线的绘制。

4. 导入网络表

打开 PCB 文件，执行菜单命令【设计】→【Import Change From 功率放大电路 . PRJPCB】。在弹出的 "工程变化订单" 对话框中，依次单击 "使变化生效" "执行变化" "关闭" 三个按钮，装入网络表和元器件封装，如图 8-27 所示。

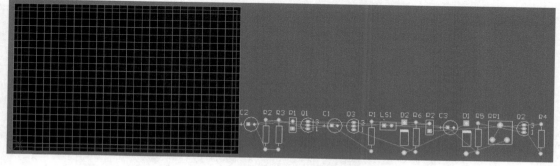

图 8-27 初始装入元件时布局情况

5. 元器件布局

将所有元器件封装移动到 PCB 区域内，手动调整元器件位置，如图 8-28 所示。

6. 自动布线

（1）设置布线规则

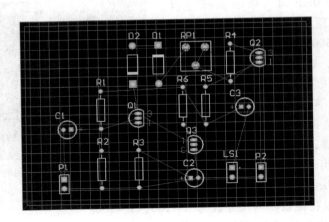

图 8-28　手动布局后的 PCB

1）执行菜单命令【设计】→【规则】，可打开"PCB 规则和约束编辑器"对话框。

2）选择【Design Rule】→【Routing】选项，打开"Routing"下面的子分支。

3）选中"Width"选项，在右面的窗口中，将布线宽度设置为"20mil"，如图 8-29 所示。

4）选择【Design Rule】→【Routing】选项，打开"Routing"下面的子分支。

5）选中【Routing Layers】选项，在右面的窗口中，将允许布线层选择为"Bottom Layer"，如图 8-30 所示。

6）单击【适用】→【确认】。

（2）自动布线

选择菜单【自动布线】→【全部对象】，弹出"Situs 布线策略"对话框，单击"Route All"按钮。布线完成后，显示布线后的 PCB，如图 8-31 所示。

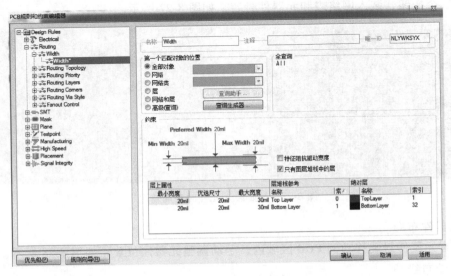

图 8-29　设置导线宽度

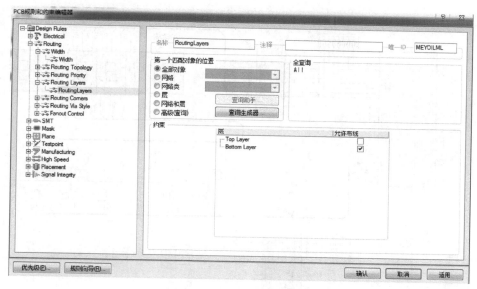

图 8-30　布线层设置

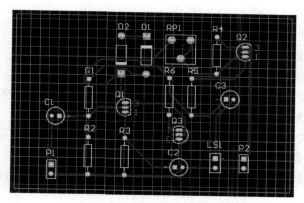

图 8-31　自动布线完成后的 PCB

8.2　实训 2　基于单片机的数字钟 PCB 设计

8.2.1　实训要求

根据如图 8-32 所示的数字钟电路原理图，设计基于单片机的数字钟 PCB。

8.2.2　分析

该数字钟以单片机为控制器。图中 U1 为单片机，U4 为六位数码管，R6 为排电阻，这三个元件在软件自带的库中搜索不到，因此在绘制电路原理图和设计 PCB 之前，需要制作一个集成元件库。集成元件库中包括这三个元件的原理图元件和封装元件。

8.2.3　制作集成元件库

1. 创建集成元件库项目

选择菜单【文件】→【创建】→【项目】→【集成元件库】，创建一个集成元件库项目，保

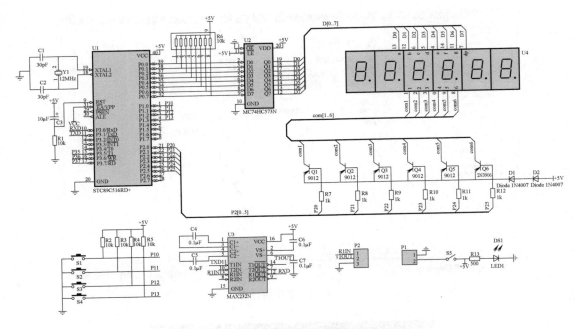

图 8-32　数字钟电路原理图

存集成元件库项目，文件名为"数字钟集成元件库"。

2. 创建原理图元件库文件和 PCB 封装库文件

1）选择菜单【文件】→【创建】→【库】→【原理图库】，创建一个原理图元件库文件，保存原理图库，文件名为"数字钟原理图库"。

2）选择菜单【文件】→【创建】→【库】→【PCB 库】，创建一个 PCB 封装库文件，保存 PCB 库，文件名为"数字钟 PCB 库"。

完成后，创建的集成元件库项目、原理图库和 PCB 库文件名显示在 Project 面板中，如图 8-33 所示。

3. 制作原理图元件库

（1）制作"六位数码管"原理图元件

1）打开"数字钟原理图库"文件，单击面板标签上的"SCH Library"，将面板切换到原理图库面板。

2）在"SCH Library"工作面板的"元件"区域中，单击默认元件"Component_ 1"，选择菜单【工具】→【重新命名元件】，弹出"Rename Component（重新命名元件）"对话框，输入元件名称"六位数码管"，如图 8-34 所示，单击"确认"，此时"元件"区域中的默认元件名称为"六位数码管"。

3）绘制"六位数码管"元件图。

① 选择菜单【放置】→【矩形】工具，绘制第一个数码管的边框。

② 选择菜单【放置】→【直线】工具，绘制每个数码管的七个段。

③ 选择菜单【放置】→【椭圆】工具，绘制数码管的小数点，椭圆的 X 和 Y 半径均为 2。将绘制好的数码管复制五个，如图 8-35 所示。

图 8-33　创建的元件库文件

图 8-34　元件重命名对话框

4）添加引脚。

选择菜单【放置】→【引脚】工具，放置 14 个引脚，引脚的标识符和显示名称如图 8-36 所示。

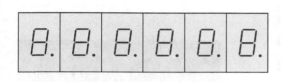

图 8-35　"六位数码管"元件图

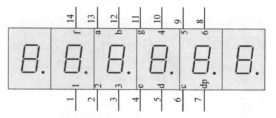

图 8-36　引脚的标识符和显示名称

5）保存"六位数码管"元件。

（2）制作排电阻原理图元件

1）在"SCH Library"工作面板的"元件"区域中，单击"追加"按钮，弹出新元件命名对话框，输出"排电阻"。在"元件"区域列表中增加一个"排电阻"元件，如图 8-37 所示。

2）在"元件"区域选择"排电阻"，在右面绘图区域绘制排电阻元件图，并添加 9 个引脚，如图 8-38 所示。

3）保存排电阻元件。

（3）制作 U1-STC89C516RD+芯片原理图元件

按照上述第（2）步方法制作 U1- STC89C516RD+芯片的原理图元件。

4. 制作 PCB 库

1）打开 PCB 封装库文件，单击面板标签上的 PCB Library，将面板切换到 PCB 库面板。

2）制作"六位数码管"封装

① 在 PCB Library 工作面板的"元件"区域中，双击默认元件 PCBCOMPONENT_ 1，弹出"PCB 库元件"对话框，在"名称"处输入 PCB 元件名称"六位数码管"，单击"确认"，此时"元件"区域中的默认元件名称为"六位数码管"，如图 8-39 所示。

② 放置焊盘

a. 执行菜单命令【放置】→【焊盘】或单击放置工具栏中的 ◎ ，此时鼠标光标上带了一个浮动的焊盘，此时按下键盘上的 Tab 键，打开焊盘属性对话框，设置"焊盘"的参数，如图 8-40 所示。连续单击鼠标左键，放置 14 个焊盘，焊盘的标识符分别为 1～14。

图 8-37　原理图元件库元件列表

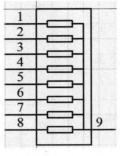

图 8-38　排电阻元件图

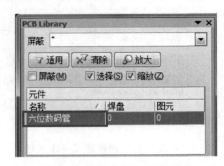

图 8-39　"PCB 库"元件列表

　　b. 选择菜单【编辑】→【设定参考点】→【引脚】工具，用鼠标左键单击标识符为"1"的焊盘，将标识符为"1"的焊盘中心设置为坐标原点，如图 8-41 所示。

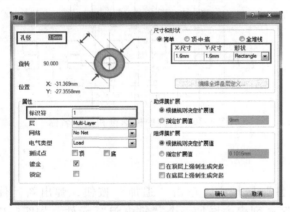

图 8-40　焊盘属性对话框

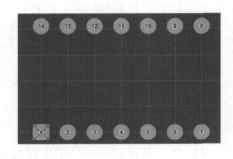

图 8-41　放置焊盘和参考原点

　　c. 双击标识符为"2"焊盘，弹出"焊盘"属性对话框，在"位置"处修改焊盘中心的 X 和 Y 坐标，如图 8-42 所示，使它与标识符为"1"焊盘的水平距离为 2.54mm，垂直方

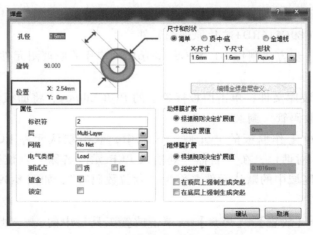

图 8-42　"焊盘"属性对话框

向在一条水平线上。

用同样的方法依次修改标识符为"3~14"焊盘的位置坐标，通过修改焊盘的位置坐标，每行相邻两个焊盘中心的距离为2.54mm，两行之间的距离为10.4mm。标识符为"3~14"焊盘的位置坐标如图8-43所示。

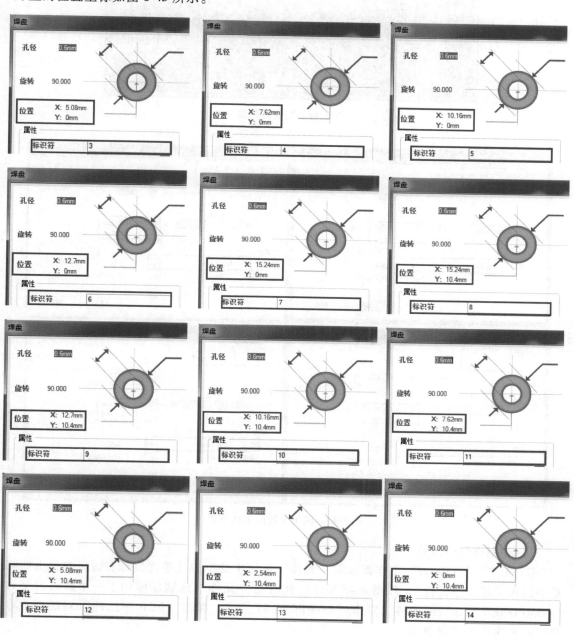

图8-43　焊盘位置坐标

③ 绘制封装外轮廓线。将当前板层切换为丝印层（Top Overlay），使用放置直线工具绘制元件图，如图8-44所示。双击"直线"，弹出"导线"属性对话框，修改导线"开始"点和"结束"点坐标，来确定导线的长度以及相对于焊盘的位置，四条导线的属性设置如

图 8-45 所示。

④ 保存。

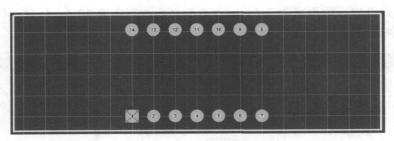

图 8-44 绘制元件图

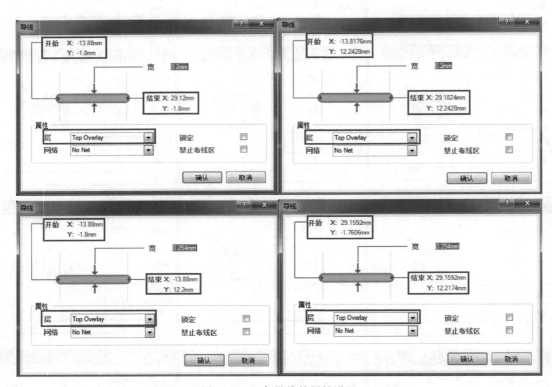

图 8-45 四条导线的属性设置

3）绘制排电阻封装。

① 在"PCB Library"工作面板的"元件"区域中的空白处单击鼠标右键，在弹出的菜单中选择"新建空元件"，如图 8-46 所示。此时在"元件"区域新增加了一个默认名字为"COMPONENT_ 1"的元件，双击"COMPONENT_ 1"，弹出"PCB 库元件"对话框，将元件的名称改为"排电阻"。

② 在"元件"区域选择"排电阻"，在右边的绘图区域绘制排电阻封装图。排电阻相邻两个引脚之间的距离为 2.54mm。为了快速确定焊盘之间的距离，可以将捕获栅格设置为 2.54mm。选择菜单【工具】→【库选择项】，弹出"PCB 板选项"对话框，将捕获网格 X 和 Y 都设置为 2.54mm，如图 8-47 所示。

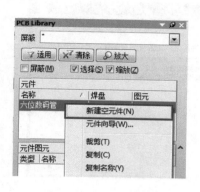

图 8-46　新建空元件

图 8-47　设置"捕获网格"

③ 选择"焊盘"工具，放置 9 个焊盘，焊盘参数设置如图 8-48 所示。由于捕获网格设置为 2.54mm，因此放置焊盘的时候，只要将焊盘放置在相邻两个捕获点上就可以了，如图8-49 所示。

④ 在"Top Overlay"层上用"放置直线"工具绘制如图 8-50 所示的封装轮廓线。

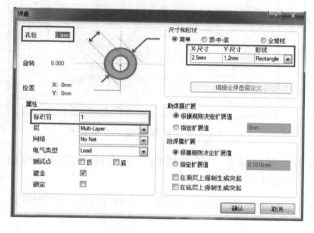

图 8-48　焊盘属性设置

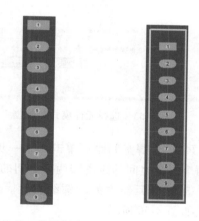

图 8-49　放置焊盘　　图 8-50　封装轮廓线

⑤ 保存。

4）制作 U1-STC89C516RD+芯片的封装。

① 选择菜单【工具】→【新元件】或在封装库面板的元器件列表窗口处单击鼠标右键，在弹出的快捷菜单中选择【元件向导】，如图 8-51 所示，即可启动"元件封装向导"对话框，如图 8-52 所示。

② 选择元件模型。单击"下一步"按钮，弹出"元件模式与单位"对话框，如图 8-53所示，从"模式表"中选择 Dual in-line Package（DIP），从"选择单位"列表中选择"Im-perial（mil）"英制单位。

③ 设置焊盘尺寸。单击"下一步"按钮，弹出设置"焊盘尺寸"对话框，设置焊盘的

孔径和直径，如图 8-54 所示。

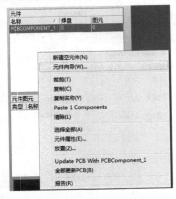

图 8-51 通过快捷菜单打开
"元件向导"对话框

图 8-52 "元件封装向导"对话框

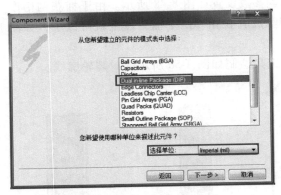

图 8-53 选择元件模式和单位

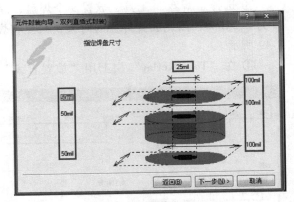

图 8-54 设置焊盘尺寸对话框

④ 设置焊盘间距。单击"下一步"按钮，弹出设置"焊盘间距"对话框，设置每列相邻两个焊盘之间的距离和两列之间的距离，如图 8-55 所示。

⑤ 设置元器件的轮廓线宽度。单击"下一步"对话框，设置"轮廓宽度"设置对话框，如图 8-56 所示。

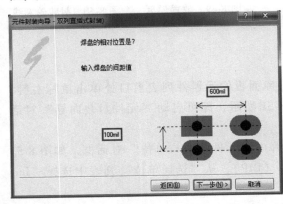

图 8-55 设置"焊盘间距"对话框

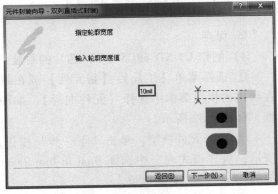

图 8-56 设置"轮廓宽度"对话框

⑥ 设置焊盘数量。单击"下一步"按钮，设置焊盘数，如图 8-57 所示。

⑦ 命名 PCB 元件。单击"下一步"按钮，命名 PCB 元件，如图 8-58 所示。

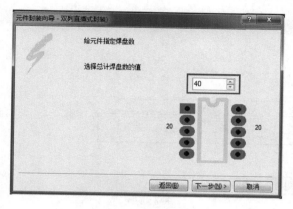

图 8-57 设置焊盘数

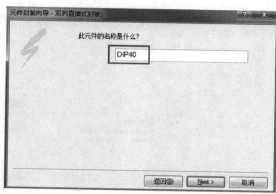

图 8-58 设定 PCB 元件名称

⑧ 确认完成。单击"下一步"按钮，弹出完成操作对话框，单击 Finish 按钮，如图8-59 所示。完成后的 PCB 元件如图 8-60 所示。

图 8-59 完成操作对话框

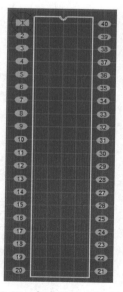

图 8-60 完成后的 PCB 元件

5）编辑元器件属性

单击面板标签"Project"，打开"Project"面板。选择"数字钟原理图元件库"文件，单击面板标签"SCH Library"，在"SCH Library"面板的"元件"区域，选择"六位数码管"，单击"编辑"按钮，打开"元件属性"对话框，将"Default Designator（默认标识符）"设置为"U?"，将"注释"设置为"DPY×6"，为"六位数码管"追加封装。用同样的方法编辑排电阻和 STC89C516RD+芯片的属性，如图 8-61 所示。

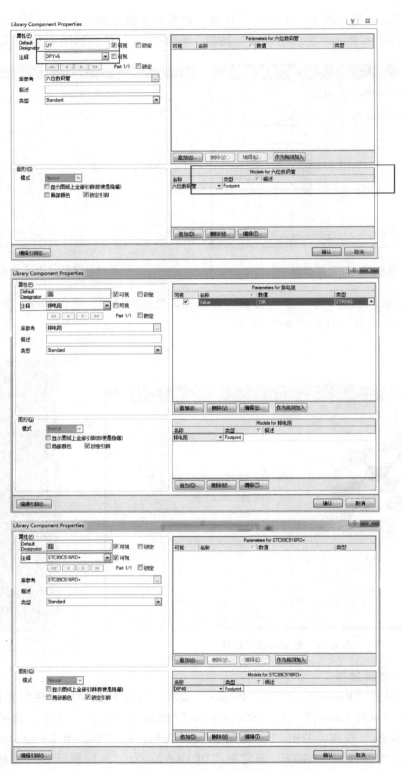

图 8-61　元器件属性设置

6）编译集成元件库

选择菜单【项目管理】→【Compile Integrated Library 数字钟集成元件库 . LIBPKG】，编译"数字钟集成元件库"，生成"数字钟集成元件库 . IntLib"文件，通过 Message 对话框查看集成元件库是否有错误。如有错误，修改后重新编译，直到没有错误为止。

8.2.4 绘制数字钟电路原理图

1. 创建 PCB 项目

执行菜单【创建】→【项目】→【PCB 项目】，创建一个 PCB 项目，保存 PCB 项目，文件名称为"数字钟项目"。

2. 创建原理图文件

在"数字钟项目"下追加一个原理图文件，保存原理图文件，文件名称为"数字钟电路原理图"。

3. 加载集成元件库

点开元件库面板，在元件库面板上方单击"元件库"按钮，打开"可用元件库"对话框，单击"安装"，弹出路径选择对话框，选择"数字钟集成元件库 . IntLib"。

4. 设置原理图图纸

执行菜单命令【设计】→【文档选项】，在弹出的对话框中单击"图纸选项"，在"标准风格"后的下拉菜单中选择"A3"。

5. 放置元器件

在新建的原理图图纸中放置如图 8-32 所示数字钟电路原理图中的所有元器件，并编辑元器件属性。元器件的库参考名称、封装名称以及所在集成元器件库名称见表 8-3。放置完元器件之后调整元器件的位置、方向，调整完成后的结果如图 8-62 所示。

表 8-3 元件库参考名称和封装

标识符	库参考名称	封装名称	集成元件库
C3	Cap Pol1	CAPPR2-5×6.8	Miscellaneous Devices . IntLib
C4、C5、C6、C7	Cap	CAPR2.54-5.1×3.2	Miscellaneous Devices . IntLib
C1、C2	Cap	CAPR2.54-5.1×3.2	Miscellaneous Devices . IntLib
Y1	XTAL	CAPR5.08-7.8×3.2	Miscellaneous Devices . IntLib
DS1	LED1	LED-1	Miscellaneous Devices . IntLib
D1、D2	Diode 1N4007	DIO10.46-5.3×2.8	Miscellaneous Devices . IntLib
U2	MC74HC573N	738-03	Motorola Logic Latch . IntLib
U3	MAX232N	N016	TI Interface Line Transceiver . IntLib
U1	STC89C516RD+	DIP40	数字钟集成元件库 . IntLib
R1~R5,R7~R13	Res2	AXIAL-0.4	Miscellaneous Devices . IntLib
S1~S4	SW-PB	SPST-2	Miscellaneous Devices . IntLib
S5	SW-SPST	SPST-2	Miscellaneous Devices . IntLib
Q1~Q6	2N3906	BCY-W3/E4	Miscellaneous Devices . IntLib
R6	排电阻	排电阻	数字钟集成元件库 . IntLib
U4	六位数码管	六位数码管	数字钟集成元件库 . IntLib
P1	Header 2	HDR1X2	Miscellaneous Connectors . IntLib
P2	Header 3	HDR1X3	Miscellaneous Connectors . IntLib

6. 放置总线、总线入口及网络标签

（1）放置总线

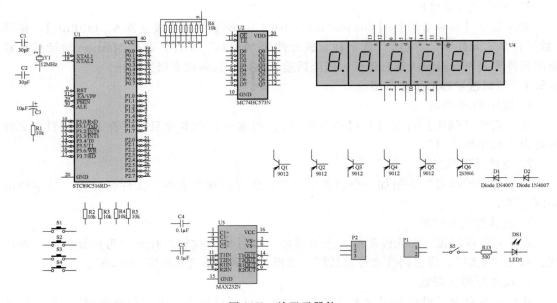

图 8-62　放置元器件

选择总线放置工具按钮，放置总线，如图 8-63 所示。

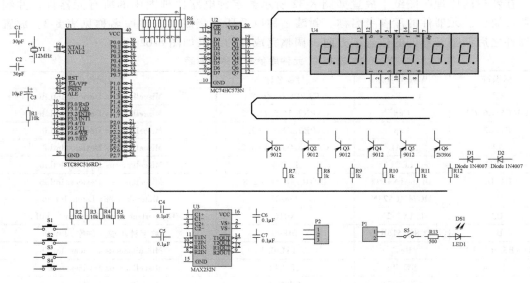

图 8-63　放置总线

（2）放置总线入口

选择总线入口放置工具按钮，放置总线入口，如图 8-64 所示。

（3）放置总线及总线入口上的网络标签

选择网络标签放置工具按钮，放置总线及总线入口上的网络标签，如图 8-65
所示。

7. 放置导线、其余网络标签及电源、接地符号

利用"放置导线""放置网络标签"工具，放置其余的导线和网络标签以及电源和接地符号。

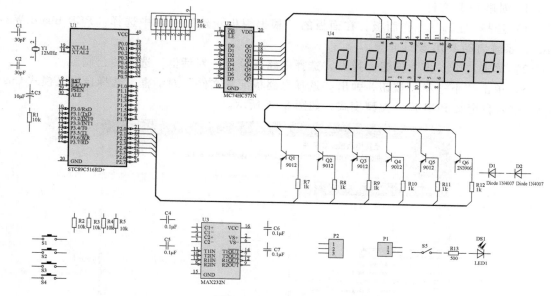

图 8-64　放置总线入口

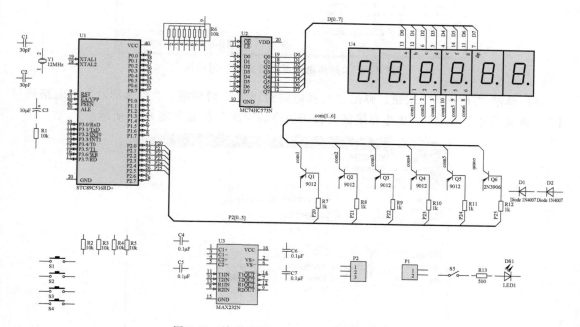

图 8-65　放置总线及总线入口上的网络标签

8. 编译查错

选择菜单【项目管理】→【Compile PCB Project 数字钟项目 . PrjPCB】，编译数字钟电路

原理图，编译完成后可通过 Message 对话框查看集成元件库是否有错误。如有错误，修改后重新编译，直到没有错误为止。

8.2.5 设计 PCB 图

1. 创建 PCB 文件

1）选择 "File" 工作面板，在面板的 "根据模板新建" 一栏中选择 "PCB Board Wizard"，系统启动 PCB 设计向导。

2）单击 "下一步" 按钮，弹出 "选择电路板单位" 对话框，选择 "公制"。

3）单击 "下一步" 按钮，弹出 "选择电路板配置文件" 对话框，选择自定义模式 Custom，进入自定义 PCB 尺寸类型模式，如图 8-66 所示。

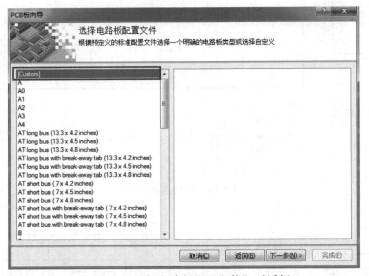

图 8-66 "选择电路板配置文件" 对话框

4）单击 "下一步" 按钮，弹出 "选择电路板详情" 对话框，"轮廓形状" "电路板尺寸" "放置尺寸于此层" "禁止布线区与板子边沿的距离" 设置如图 8-67 所示。

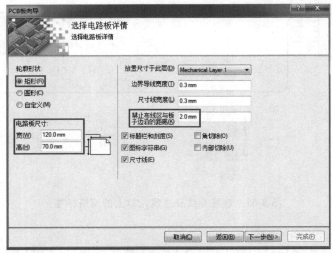

图 8-67 "选择电路板详情" 对话框

5）单击"下一步"按钮，弹出"选择电路板层"对话框。本任务设计的是双面板，对于双面板而言无内部电源层，因此内部电源层为"0"，信号层为"2"，如图 8-68 所示。

6）单击"下一步"按钮，弹出"选择过孔风格"对话框，本任务设计的是双面板，因此过孔风格选择"只显示通孔"，如图 8-69 所示。

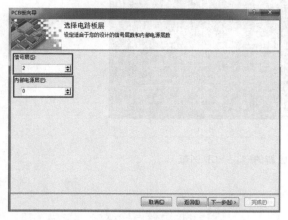

图 8-68 "选择电路板层"对话框

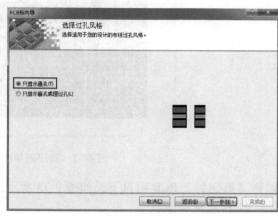

图 8-69 "选择过孔风格"对话框

7）单击"下一步"按钮，弹出"选择元件和布线逻辑"对话框。本任务设计的电路板上所采用的元器件均为直插式元器件，因此选择"通孔元件"，相邻两焊盘之间允许经过的导线数目选择"一条导线"，如图 8-70 所示。

8）单击"下一步"按钮，弹出"选择默认导线和过孔尺寸"对话框。最小导线尺寸设置为"0.3mm"；最小过孔宽设置为"1.6mm"；最小过孔孔径设置为"0.8mm"；最小间隔设置为"0.5mm"，如图 8-71 所示。

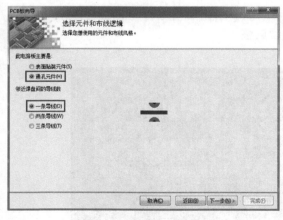

图 8-70 "选择元件和布线逻辑"
对话框

图 8-71 "选择默认导线
和过孔尺寸"对话框

9）单击"下一步"按钮，弹出"PCB 板向导"设置完成对话框，单击"完成"按钮，PCB 编辑区中会出现设定好的空白 PCB 图纸，如图 8-72 所示。

10）保存新建的 PCB1.PcbDoc，文件名为"数字钟 PCB"。将"数字钟 PCB"文件追

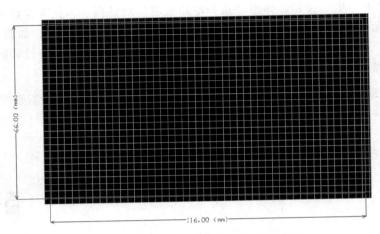

图 8-72　利用向导生成新的空白 PCB 图纸

加到"数字钟"PCB 项目下，如图 8-73 所示。

2. 设置坐标原点

选择菜单【编辑】→【原点】→【设定】，待出现十字光标后移动到 PCB 左下角单击鼠标左键，设置坐标原点。

3. 导入网络表

打开 PCB 文件，执行菜单命令【设计】→【Import Change From 抢答器 . PRJPCB】。在弹出的"工程变化订单"对话框中，依次单击"使变化生效""执行变化""关闭"三个按钮，装入网络表和元器件封装。

4. 元器件布局

将所有元器件封装移动到 PCB 区域内，手动调整元器件位置，如图 8-74 所示。

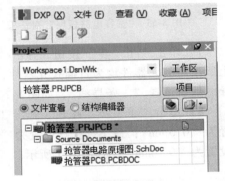

图 8-73　Projects 面板

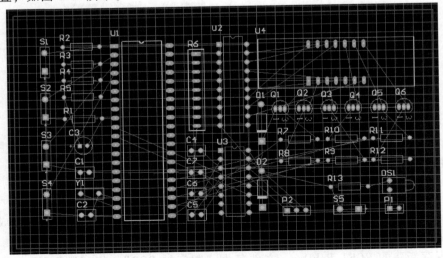

图 8-74　布局结果

5. 自动布线

（1）设置布线规则

1）执行菜单命令【设计】→【规则】，可打开"PCB 规则和约束编辑器"对话框。

2）选择【Design Rule】→【Routing】→【Width】选项，单击鼠标右键，在弹出的菜单中选择"新建规则"选项，添加一条新的布线宽度规则，名称为"Width_ 1"。用同样的方法再添加一条新的布线宽度规则，名称为"Width_ 2"，如图 8-75 所示。

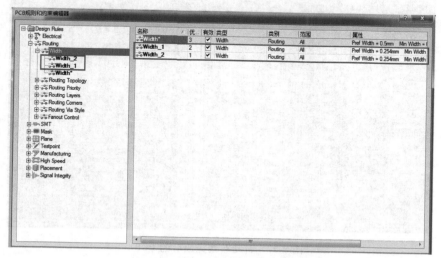

图 8-75　新添加的布线宽度规则

3）单击"Width_ 1"，在右面的窗口中，将"名称"改为"GND"；在"第一个匹配对象的位置"处选择"网络"，在网络右面的下拉菜单中选择"GND"；将布线宽度设置为"1mm"，如图 8-76 所示。

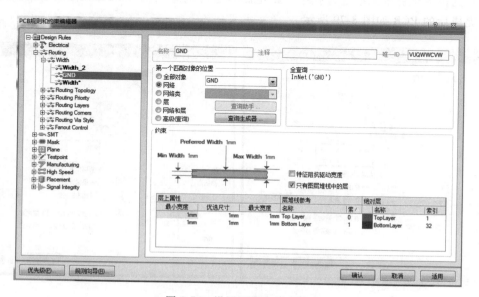

图 8-76　设置地线布线宽度

4）用同样的方法将"Width_ 2"规则的名称改为"VCC"，适用于"VCC"网络，线宽设置为"1mm"；将"Width"规则的线宽设置为"0.3mm"。

（2）自动布线

选择菜单【自动布线】→【全部对象】，弹出"Situs 布线策略"对话框，单击"Route All"按钮。布线完成后的 PCB 图如图 8-77 所示。

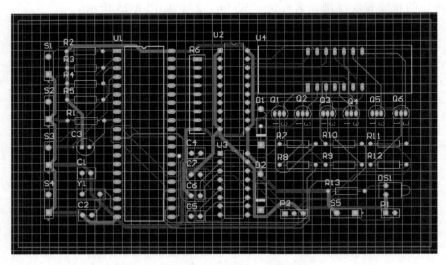

图 8-77　自动布线完成后的 PCB

6. 完善 PCB

（1）放置安装孔

执行菜单命令【放置】→【过孔】，在 PCB 的四个角放置四个过孔，作为安装孔。通过设置过孔的位置坐标值来确定过孔中心距电路板边缘的距离为 4mm，如图 8-78 所示。安装孔放置完成后的 PCB 如图 8-79 所示。

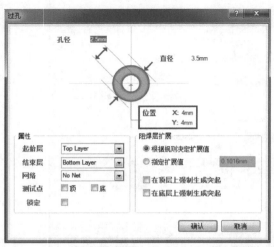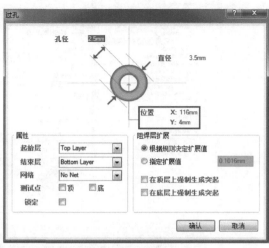

图 8-78　四个安装孔的属性设置

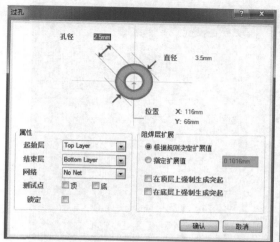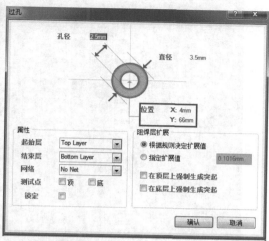

图 8-78　四个安装孔的属性设置（续）

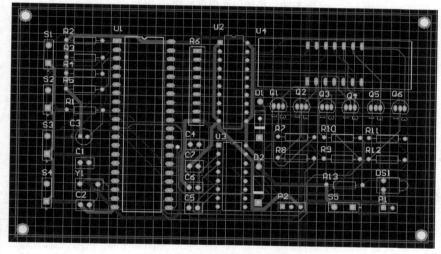

图 8-79　放置完安装孔的 PCB

（2）补泪滴焊盘

执行菜单命令【工具】→【泪滴焊盘】，对所有焊盘和过孔添加圆弧形泪滴，如图 8-80 所示。

（3）放置注释

执行菜单命令【放置】→【字符串】，在 Top Overlayer 层 P1 插座两个焊盘附近放置 "+" 和 "－"，字符高度设置为 1.5mm，如图 8-81 所示。

7. 设计规则检查

执行菜单命令【工具】→【设计规则检查…】，打开设计规则检查器，单击 "运行设计规则检查" 按钮，开始设计规则检查。检查完毕后，将生成设计规则检查报表文件，并自动打开该文件，通过该文件可查看所有错误信息。双击 Message 面板上的错误选项，系统会在 PCB 上将对应的出错点显示出来，根据 Message 面板上的错误提示改正错误。

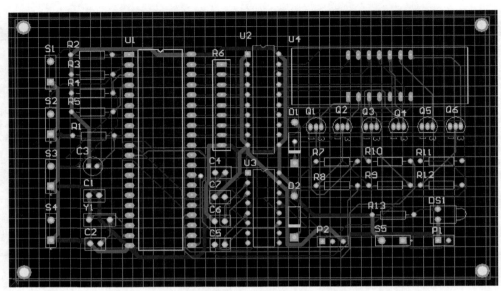

图 8-80　添加泪滴焊盘后的 PCB 板

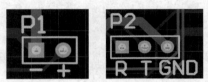

图 8-81　放置完字符串的 PCB 板

8.3　思考与练习

1. 绘制如图 8-82 所示的酒精测试仪电路原理图，并设计 PCB，要求单面布线。

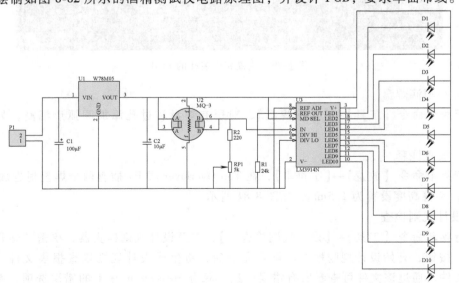

图 8-82　酒精测试仪电路原理图

2. 绘制如图 8-83 所示基于单片机的电子温度计电路原理图, 并设计 PCB, 要求双面布线。

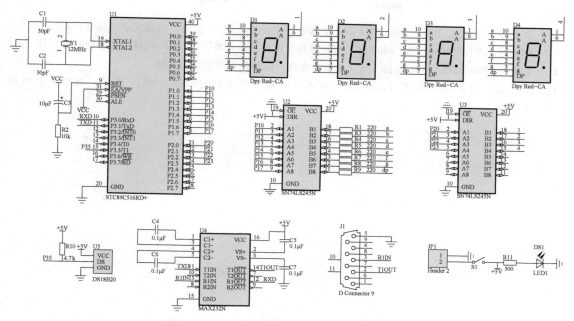

图 8-83　基于单片机的电子温度计电路原理图

参 考 文 献

[1] 朱小祥，游家发．Protel DXP 2004 SP2 印制电路板设计 ［M］．北京：机械工业出版社，2011.

[2] 赵全利，周伟．Protel DXP 2004 SP2 印制电路板设计教程 ［M］．北京：机械工业出版社，2016.

[3] 王正勇．Protel DXP 实用教程 ［M］．2 版．北京：高等教育出版社，2014.

[4] 顾升路，官英双，杨超．Protel DXP 2004 电路板设计实例与操作 ［M］．北京：航空工业出版社，2011.